RAL · NEU 研究报告　No. 0037

高强塑积汽车钢的研究与开发

轧制技术及连轧自动化国家重点实验室
（东北大学）

北　京

冶金工业出版社

2021

内 容 简 介

本书主要介绍具有高成形性、超高强度、可镀可焊的新一代高强塑积 Q&P 钢的制造技术，具体包括 Q&P 钢的基础相变特性、热处理工艺参数调控及优化、典型组织显微特性、力学性能及加工硬化行为等。

本书可供从事先进汽车钢研发等相关领域的工程技术人员阅读，也可供大专院校师生参考。

图书在版编目 (CIP) 数据

高强塑积汽车钢的研究与开发/轧制技术及连轧自动化国家重点实验室（东北大学）著. —北京：冶金工业出版社，2021.4

（RAL · NEU 研究报告）

ISBN 978- 7- 5024- 8780- 5

Ⅰ.①高…　Ⅱ.①轧…　Ⅲ.①带钢—冷轧—研究

Ⅳ.①TG335.12

中国版本图书馆 CIP 数据核字（2021）第 063265 号

出 版 人　苏长永
地　　址　北京市东城区嵩祝院北巷 39 号　邮编　100009　电话　(010)64027926
网　　址　www. cnmip. com. cn　电子信箱　yjcbs@ cnmip. com. cn
责任编辑　卢　敏　美术编辑　彭子赫　版式设计　孙跃红
责任校对　葛新霞　责任印制　李玉山
ISBN 978-7-5024-8780-5
冶金工业出版社出版发行；各地新华书店经销；三河市双峰印刷装订有限公司印刷
2021 年 4 月第 1 版，2021 年 4 月第 1 次印刷
169mm×239mm；10 印张；156 千字；144 页
58. 00 元
冶金工业出版社　投稿电话　(010)64027932　投稿信箱　tougao@ cnmip. com. cn
冶金工业出版社营销中心　电话　(010)64044283　传真　(010)64027893
冶金工业出版社天猫旗舰店　yjgycbs. tmall. com
（本书如有印装质量问题，本社营销中心负责退换）

研究项目概述

1. 研究项目背景与立题依据

随着全球能源危机和环境恶化的日益加剧，安全、节能和环保已成为汽车制造业的发展趋势。在保证使用安全的前提下，汽车轻量化是汽车节能减排最有效的方法，也是汽车制造商提高产品市场竞争力的关键。为此，全球各大钢铁企业纷纷致力于研制并开发成本低廉且兼具高强度和良好塑性韧性的新型汽车用超高强钢。最近，安赛乐米塔尔、新日铁住金等国际著名钢铁公司纷纷推出了具有更好的成形性、延展性和涂镀性能的新型超高强钢，如Fortiform ® 980 Extragal、SHF980 等，可实现复杂汽车零部件冷成形，能够满足汽车轻量化以及日益严格的碰撞和安全性能要求。我国宝钢利用具有"高温均热、高速冷却和淬火提温"功能的专用退火线实现了 1000~1500MPa 级冷轧淬火配分（Q&P）钢的全球首发。其中 Q&P980 用于 A/B 柱加强板、车门铰链加强板等结构件，现已推广到多家自主及合资品牌车型。鞍钢采用"快速冷却+两步配分"工艺在连退生产线上成功试制了 AQ&P980 冷轧板，并制定了 Q&P 钢的企业标准。

与国外相比，尽管我国在少数高端产品领域具有一席之地，但总体而言，国内汽车板市场仍然存在产品单一、生产成本高、性能质量不稳定、高端钢材研发能力不足等问题，特别是在新型高成形性超高强度汽车板研发和制造方面仍有较大提升空间。冷轧 Q&P 钢制造过程过度依赖具有"淬火+提温"等特殊功能且造价高昂的专用退火线，且在成形性和延展性方面仍有较大提升空间，同时与新型超高强钢相匹配的成形、焊接等用户使用技术没有实现突破，这极大影响了新一代先进汽车钢的工业化进程。

为此，东北大学轧制技术及连轧自动化国家重点实验室（RAL）在国家重点研发计划、国家自然科学基金以及多项钢铁企业合作项目的支持下，围绕"新一代高强塑积汽车用钢的开发""高成形性 1000MPa 超高强钢的研究与开发""高延伸型淬火配分钢组织性能调控新技术"等研究课题，立足国内现有的热轧、冷轧与传统连续退火线，针对淬火配分工艺的热动力学理论、相变和配分机理以及组织-性能关系等开展基础研究，澄清全新组织设计和制造工艺下超高性能钢强度、韧塑性的结构起源，提出新型高强塑积淬火配分钢的工艺路线与组织性能调控策略，开发具有高成形性、超高强度、可镀可焊的新一代汽车钢工业化制造技术，通过降低合金和生产成本，实现现有产品的结构调整和优化升级，改善和提升产品的附加值，推动汽车用材轻量化进程，从而在日益严峻的市场竞争下，助力钢铁企业实现巨大经济和社会效益。

2. 研究进展与成果

东北大学许云波教授团队在淬火配分工艺、组织演变基础理论与工业化实践等方面深耕多年，以低碳硅锰系、低硅含磷系、低硅锰铝系等成分为基础，将 TMCP 工艺、原奥氏体调控与相变诱导塑性（TRIP）效应相关联，提出了"热轧动态配分"（HDQ&P）的新概念，拓展了 Q&P 工艺的应用领域，有效提高了热轧 Q&P 钢的强塑性能。在此基础上，本团队针对冷轧超高强 Q&P 钢，从热/动力学模拟、连续冷却相变行为、高温变形行为、热轧与冷轧退火工艺调控和工业化生产及用户使用技术等方面进行了深入系统的研究，突破过分依赖马氏体向奥氏体碳配分的传统框架，提出了"铁素体、贝氏体和马氏体协同碳配分"的增强增塑新思路，建立了基于热/动力学相关性的典型微纳米结构形成与演化物理冶金基础理论，探索了不同初始结构的遗传作用和材料在室温变形过程中微观响应机制，阐释了全新组织设计和制备工艺下超高性能钢强度、韧塑性的结构起源，形成了全流程工艺、组织和力学性能的一体化控制技术。

在此基础上，依托国内某钢铁企业的传统连续退火生产线，本团队采用"较低冷速（≤40°C/s）+一步配分"工艺全球首次成功开发出了冷轧 Q&P980 产品。成品板屈服强度不小于 600MPa，抗拉强度不小于 980MPa，断后伸长率可达 25% 以上，成形性能优异，强塑积达到 27GPa·%。该技术打破了"只有具备淬火+提温功能的专用超高强钢退火线才能生产 Q&P 钢"的传统认识，并且残余奥氏体体积分数和强塑积等指标均超越同级别"两步配分钢"，替代 590MPa 级传统高强钢可实现减重 20%。本团队针对新开发"一步配分" Q&P980 钢开展成形性能、可焊性能及用户使用技术等研究，分析影响拉延、旋压、扩孔、回弹等成形及延伸凸缘性能的主要工艺和组织因素，形成专有的使用和评价技术；分析焊接热影响区组织性能变化，改进和优化电阻电焊工艺；利用剪切拉伸、十字拉伸等手段，结合微观组织分析对焊接接头的力学性能与可靠性进行评价；阐明材料强韧化机理与服役性能最优判据及其断裂特性，形成与冷冲压超高强度钢相匹配的用户应用关键技术，为超高强韧汽车钢的零部件制造提供全链条支撑。此外，针对第三代中锰钢 Mn 含量高和工业适应性差等技术瓶颈，本团队从组织性能控制的冶金学原理与工业化制造关键技术等方面开展研究，突破了合金减量化下材料组织结构设计和增强增塑的理论难题，开发出 Mn 减量化（$w(Mn) \leq 3\%$）高成形性超高强汽车钢工业化原型技术，980MPa 级产品断后伸长率可达 $30\% \sim 40\%$，同时屈服强度可达 700MPa 以上，该性能全面超越 $w(Mn) = 5\% \sim 10\%$ 钢，具有良好的工业适应性和广阔的应用前景。新技术的成功开发和应用被世界金属导报、中国新闻网、沈阳日报、东北新闻网等多家媒体宣传报道，引起了企业和社会的广泛关注，对推动我国第三代先进高强钢研发与应用，实现国际领先的发展目标具有重要意义。

3. 论文与专利

近年来，本团队基于 Q&P 钢相关基础理论研究，在国内外著名材料冶金 SCI 期刊《Acta Materialia》《Scripta Materialia》《Materials and Design》《Materials Science and Engineering A》《Journal of Materials Science》《Materials Characterization》等刊物发表二十余篇高水平论文，申报相关专利十余项（授权 5 项），承担国家及企业相关项目 20 余项。

发表学术论文（SCI）：

（1）Xiaodong Tan, Dirk Ponge, Wenjun Lu, et al. Joint investigation of strain partitioning and chemical partitioning in ferrite-containing TRIP-assisted steels. Acta Materialia, 2020, 186：374~388.

（2）Xiaodong Tan, Dirk Ponge, Wenjun Lu, et al. Carbon and strain partitioning in a quenched and partitioned steel containing ferrite. Acta Materialia,

2019, 165: 561~576.

(3) Xiaodong Tan, Yunbo Xu, Dirk. Ponge, et al. Effect of intercritical deformation on microstructure and mechanical properties of a low-silicon aluminum-added hot-rolled directly quenched and partitioned steel. Materials Science and Engineering: A, 2016, 656: 200~215.

(4) Xiaodong Tan, Yunbo Xu, Xiaolong Yang, et al. Austenite stabilization and high strength-elongation product of a low silicon aluminum-free hot-rolled directly quenched and dynamically partitioned steel. Materials Characterization, 2015, 104: 23~30.

(5) Xiaodong Tan, Yunbo Xu, Xiaolong Yang, et al. Microstructure-properties relationship in a one-step quenched and partitioned steel. Materials Science and Engineering: A, 2014, 589: 101~111.

(6) Xiaodong Tan, Yunbo Xu, Xiaolong Yang, et al. Effect of partitioning procedure on microstructure and mechanical properties of a hot-rolled directly quenched and partitioned steel. Materials Science and Engineeing: A, 2014, 594: 149~160.

(7) Yunbo Xu, Xiaodong Tan, Xiaolong Yang, et al. Microstructure evolution and mechanical properties of a hot-rolled directly quenched and partitioned steel containing proeutectoid ferrite. Materials Science and Engineering: A, 2014, 607: 460~475.

(8) Dingting Han, Yunbo Xu, Rendong Liu, et al. Improving Mn partitioning and mechanical properties through carbides-enhancing pre-annealing in Mn-reduced transformation-induced plasticity steel. Scripta Materialia, 2020, 187: 274~279.

(9) Fei Peng, Yunbo Xu, Xingli Gu, et al. The relationships of microstructure-mechanical properties in quenching and partitioning (Q&P) steel accompanied with microalloyed carbide precipitation. Materials Science and Engineering: A, 2018, 723: 247~258.

(10) Fei Peng, Yunbo Xu, Xingli Gu, et al. Microstructure characterization and mechanical behavior analysis in a high strength steel with different proportions of

constituent phases. Materials Science and Engineering：A，2018，734：398~407.

（11）Fei Peng, Yunbo Xu, Dingting Han, et al. Significance of epitaxial ferrite formation on phase transformation kinetics in quenching and partitioning steels：modeling and experiment. Journal of Materials Science，2019，54（18）：12116~12130.

（12）Fei Peng, Yunbo Xu, Dingting Han, et al. Influence of pre-tempering treatment on microstructure and mechanical properties in quenching and partitioning steels with ferrite-martensite start structure. Materials Science and Engineering：A，2019，756：248~257.

（13）Fei Peng, Yunbo Xu, Jiayu Li, et al. Interaction of martensite and bainite transformations and its dependence on quenching temperature in intercritical quenching and partitioning steels. Materials & Design，2019，181，107921.

（14）Fei Peng, Yunbo Xu, Dingting Han, et al. Kinetic models of multiple-stage martensite transformation and subsequent isothermal bainite formation excluding ε-carbide precipitation in intercritical quenching and partitioning steels. Materials & Design，2019，183.

（15）Xunda Liu, Yunbo Xu, Misra R D K, et al. Mechanical properties in double pulse resistance spot welding of Q&P980 steel. Journal of Materials Processing Technology，2018，273：247~258.

（16）Xingli Gu, Yunbo Xu, Fei Peng, et al. Role of martensite/austenite constituents in novel ultra-high strength TRIP-assisted steels subjected to non-isothermal annealing. Materials Science and Engineering：A，2019，754：318~329.

（17）Yu Wang, Yunbo Xu, Rendong Liu, et al. Microstructure evolution and mechanical behavior of a novel hot-galvanized Q&P steel subjected to high-temperature short-time overaging treatment. Materials Science and Engineering：A，2020，789：139665.

申请及授权专利：

（1）许云波，顾兴利，彭飞，等．一种冷轧淬火延性钢及制备方法，专利号：zl201610792298.3（发明专利，已授权）.

（2）许云波，邹英，胡智评，顾兴利，彭飞，谭小东，杨小龙，陈树青，韩仃停，王国栋. $-80℃$ A_{kv}值大于 100J 的中锰钢板的制备方法，专利号：zl201610044872.7（发明专利，已授权）.

（3）许云波，韩仃停，邹英，胡智评，陈树青. 一种高强塑积无屈服平台冷轧中锰钢板的制备方法，专利号：zl201711081278.6（发明专利，已授权）.

（4）许云波，胡智评，邹英，顾兴利，彭飞. 一种 1000MPa 级低锰双配分冷轧薄钢板及其制备方法，专利号：zl201810968412.2（发明专利，已授权）.

（5）许云波，卢兵，顾兴利，彭飞，王源，刘训达. 基于完全奥氏体化的超高强度冷轧中锰 Q&P 钢热处理工艺，申请号：201811007659.4（发明专利，已授权）.

（6）许云波，刘训达，彭飞，王源，顾兴利，卢兵. 一种提高 Q&P 钢焊接接头质量的电阻点焊工艺，申请号：201811049088.0（发明专利，已公开）.

（7）许云波，彭飞，顾兴利，王源. 一种低碳微合金化高强塑积冷轧 TRIP980 钢的热处理方法，申请号：201811351275.4（发明专利，已公开）.

（8）许云波，胡智评，邹英，顾兴利，彭飞. 一种高强塑性热轧中锰钢板及其临界区轧制制备方法，申请号：201810968414.1（发明专利，已公开）.

（9）许云波，胡智评，邹英，顾兴利，彭飞. 一种超高强塑性冷轧 Mn-Al 系 TRIP 钢板及其快速退火制备方法，申请号：201810967333.X（发明专利，已公开）.

（10）许云波，顾兴利，彭飞，王源，卢兵，李佳彧，刘训达. 一种快速退火制备 1000MPa 级高延性钢的方法，申请号：201811351314.0（发明专利，已公开）.

4. 项目完成人员

主要完成人	职　称	单　位
许云波	教授	东北大学
王国栋	教授（院士）	东北大学

主要完成人	职　　称	单　　位
李建平	研究员	东北大学
彭飞	（博士研究生）	东北大学
王旭	（博士研究生）	东北大学
李佳彧	（博士研究生）	东北大学
王源	（博士研究生）	东北大学
荆毅	（博士研究生）	东北大学
顾兴利	（博士研究生）	东北大学
韩仃停	（博士研究生）	东北大学
谭小东	（博士研究生）	西南大学
刘训达	（硕士研究生）	东北大学
邓鹏	（硕士研究生）	东北大学
毛雅雯	（硕士研究生）	东北大学

5. 报告执笔人

许云波、王旭、彭飞、李佳彧、王源、荆毅。

6. 致谢

首先感谢"钢铁共性技术协同创新中心"对本研究给予的资助。本研究工作是在王国栋院士、李建平研究员的直接领导下，由许云波、彭飞、王旭、李佳彧、王源、荆毅等执笔完成的。研究团队成员谭小东、顾兴利、刘训达、邓鹏、韩仃停等参与完成了部分项目和科研任务，在本书撰写中发挥了重要的作用，在此表示衷心感谢。同时特别感谢东北大学轧制技术及连轧自动化国家重点实验室所有关心和支持本研究工作的老师和同学们，特别感谢河钢唐钢、鞍钢、马钢和本钢等相关企业领导和同仁对本研究工作提供的大力支持和帮助。

目　录

摘　　要

近年来，我国汽车工业持续保持高速发展的态势，汽车用钢铁材料需求迅猛增长，这给钢铁行业带来了巨大的发展空间。然而，在环保、节能和安全等多重挑战下，汽车用钢的超高强化、汽车车身的轻量化已经成为钢铁企业和汽车制造商追求的重要目标。在这种情况下，兼具高强高塑性能的先进高强钢成为新一代汽车用钢的首选。其中，作为第三代先进高强钢典型代表之一的淬火配分钢，因其较低的合金成本、良好的工业适应性以及优异的力学性能等优势而备受青睐。

本研究报告聚焦高强塑积 Q&P 钢成分-工艺-组织-性能一体化设计的物理冶金基础，围绕热轧-冷轧-热处理全过程组织演变和力学性能两条主线，从热/动力学模拟、连续冷却相变行为及高温变形研究、实验室中试模拟、工业化生产及用户使用技术等角度出发，对 Q&P 钢的基础相变特性、热处理工艺参数调控与优化、典型组织显微特性、力学性能及加工硬化行为等方面工作进行全面总结和阐述。主要包括以下研究内容：采用 Thermo-Calc 及 Dictra 等软件模拟研究了典型 Q&P 钢的相变与配分过程热力学、动力学行为；利用膨胀仪和热力模拟试验机对典型成分钢的基本相变点、连续冷却相变、高温变形行为以及静态和动态再结晶规律开展了深入研究；中试实验研究涵盖了传统热轧、冷轧 Q&P 钢原型产品，并重点对一步及两步 Q&P 工艺下材料组织特性与力学行为进行了比较和分析，探索了退火与配分工艺参数对冷轧 Q&P 钢组织性能的影响规律和精细化调控方法。同时，本研究报告介绍了 Q&P 领域的新工艺、新方法，主要包括高延伸 Q&P 钢与 3Mn-TRIP 钢等高成形性超高强钢的工艺特点、微观组织特性及典型力学性能。在此基础上，本研究报告还对全球首创的基于传统连续退火线的高性能冷轧 Q&P980 产品的优势、典型组织和力学性能特征，以及相应工业产品的成形、焊接等用户技术进行了系统描述。

关键词：汽车钢；淬火配分；高强塑积；退火相变诱发塑性；工业化生产；应用技术

1 绪 论

随着国民生活水平的不断提高，我国汽车制造业飞速发展。截至2019年，我国私家汽车保有量已超过2.6亿辆[1]。作为重要的交通工具，汽车给人们带来生活便利的同时，也给环境和资源带来了巨大的压力，因此降低汽车油耗和尾气排放势在必行。根据工信部颁布的乘用车企业平均燃料消耗量核算办法，2020年年底我国国产乘用车平均油耗需要降至百公里5.0L[2]。从目前的应用情况来看，汽车用钢铁材料的轻量化是实现汽车节能减排最经济有效的方法[3]。

为了保障乘车人员的生命安全，在汽车用钢减薄减重的同时，世界各地也对乘用车安全性的测试标准提出了更为严格的要求。欧洲和美国分别提出了Euro-NCAP和US-NCAP新车评估计划，这两个计划明确规定了车顶强度、正面和侧面碰撞等级要求等内容[4]。在此背景下，全球各大钢铁企业纷纷致力于研发成本低廉且兼具高强度和良好塑韧性的新型汽车用先进超高强钢（Advanced High Strength Steel，AHSS），从而减薄车身结构与零部件厚度，实现节能降耗。

1.1 先进高强钢发展概况

AHSS的发展历程可以大致分为三个阶段，对应典型钢种的性能分布如图1-1所示[5]。

第一代AHSS的基体组织主要为体心立方结构的铁素体和马氏体，其代表性钢种有双相（Dual Phase，DP）钢、相变诱导塑性（Transformation-Induced Plasticity，TRIP）钢、复相（Complex Phase，CP）钢、马氏体钢等[6-9]。其中DP钢作为第一代AHSS的代表，因成本较低、工艺简单、性能稳定等特点被广泛应用在各种汽车零部件上，其强度级别可覆盖590～1180MPa，是最成功的商业化钢种之一。

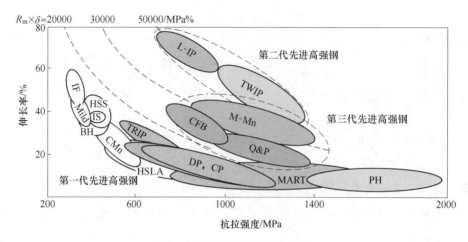

图 1-1　先进高强钢发展概况[5]

虽然第一代 AHSS 可以满足不同强度级别的钢种需求，但是其塑性随着强度的提高急剧下降，对应强塑积一般在 10~20GPa·%之间[10]，难以在保证高强度的同时满足复杂成形的塑性要求[11]。在此背景下，相关学者提出了孪晶诱导塑性（Twinning-Induced Plasticity，TWIP）钢的概念[12]。该类钢中添加了 20%以上的 Mn 元素，可实现室温下的全奥氏体基体。另外，由于 Mn 原子的相对密度小于 Fe，因此 Mn 的添加能够促进钢材的轻量化。此外，在无 C 条件下的 TWIP 钢又称为轻质诱导塑性（Light-Induced Plasticity，L-IP）钢[13]。该类钢利用室温奥氏体基体在变形时的 TWIP 效应提高整体塑性，最终表现出优异的均匀伸长率（50%~90%）和高强度（600~1000MPa），整体强塑积可达 50GPa·%以上。然而，具有优异力学性能的第二代 AHSS 因高合金元素的添加导致成本高，生产难度大，同时还存在延迟开裂等缺陷，因此应用难度很大[14]。

为了同时满足低成本、高工业适应性（接近于第一代 AHSS）和高性能（接近于第二代 AHSS）的要求，第三代 AHSS 的概念被提出[15]。第三代 AHSS 的设计思路是在低合金化的基础上，利用残余奥氏体在变形过程中的 TRIP 效应，改善软硬相间的变形协调性能力，从而使材料最终拥有良好的强塑性匹配。目前最具代表性的第三代 AHSS 有淬火配分钢、中锰（Medium Mn-TRIP）钢和无碳化物贝氏体（Carbide-Free Bainite，CFB）钢等[16]。

作为本项目主要研究对象的 Q&P 钢，其工艺核心是基于马氏体碳配分来制备高强高塑的新钢种[17]。该工艺利用碳原子从过饱和马氏体向奥氏体的配分作用实现奥氏体稳定化，并利用变形过程中残余奥氏体的 TRIP 效应来实现整体的增强增塑。相关技术内容将在之后进行详细论述。

中锰钢的概念是由 Miller 教授率先提出的，其采用奥氏体逆相变（Austenite Reverted Transformation，ART）退火工艺，在室温下获得超细晶铁素体和奥氏体的双相组织[18]。典型热轧 ART 退火工艺如图 1-2 所示。ART 退火过程中马氏体基体向奥氏体逆相变，同时碳、锰等奥氏体稳定化元素逐渐扩散至奥氏体晶粒内，促进了室温奥氏体的保留。中锰钢的 Mn 含量介于第一代和第二代 AHSS 之间，利用较低的合金成本实现了高强度、高塑性的优异力学性能，为第三代 AHSS 代表性钢种之一。

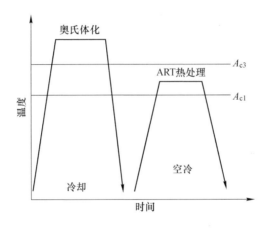

图 1-2 典型中锰钢热处理工艺[18]

无碳化物贝氏体钢，在日本也称为含贝氏体铁素体的 TRIP（TRIP Steels with Bainitic Ferrite，TBF）钢，该钢种的提出是为了实现高强度和高塑性平衡，以及获得更好的成形性能[19]。其基本思想是：保留大量的残余奥氏体发挥 TRIP 效应，消除或最小化铁素体相比例并用贝氏体代替马氏体，从而降低各相之间的硬度差异以及引起开裂的界面应力[20]。与 TRIP 钢类似，CFB 钢中往往需要添加足够的 Si、Al 等元素来抑制碳化物形成，提高贝氏体基体强度，并且借助残余奥氏体的 TRIP 效应得到较好的塑性。

1.2 Q&P 钢的理论基础

1.2.1 淬火配分工艺的背景与理论基础

早在 20 世纪 60 年代，Matas 等人就已经发现钢中碳原子可以从马氏体扩散到奥氏体[21]。随后在 1982 年，Thomas 等人通过理论计算及实验证实了 Matas 等人的发现，确认马氏体中过饱和碳原子扩散到周围奥氏体中，从而使奥氏体富碳稳定[22,23]。1983 年，徐祖耀院士等人研究发现[24]，低碳钢在淬火形成板条马氏体的同时伴随着碳元素的扩散，并且计算出碳原子从马氏体扩散到奥氏体的时间为 10^{-7} s 数量级，即板条马氏体和富碳奥氏体几乎是同时形成的。换句话说，过饱和碳原子从马氏体向奥氏体扩散的现象早已被观察证明，但在实际应用中，由于常用淬火温度较低，碳原子扩散能力受限，因此碳从马氏体向奥氏体的扩散始终被忽略不计。此外，当时普遍认为奥氏体中碳的富集会在随后的热处理过程中以碳化物的形式消除掉。在这种情况下，马氏体与奥氏体之间的碳配分现象并没有引起人们的足够重视。

直到 2003 年，美国科罗拉多矿业学院的 John. G. Speer 教授等人[17,25~27] 在传统低碳 TRIP 钢成分的基础上，利用过饱和马氏体碳配分稳定奥氏体，设计了如图 1-3 所示的经典淬火配分工艺路线。该工艺通过在全奥氏体化情况下淬火生成部分马氏体，然后保持温度不变配分（即一步配分工艺）或提温后配分（即两步配分工艺），实现碳从马氏体向奥氏体的高效配分，有效稳定奥氏体[17]。从本质上来讲，Q&P 钢作为含奥氏体钢，其力学性能的调控主

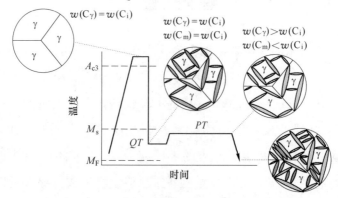

图 1-3 传统 Q&P 钢热处理工艺[27]

要是对残余奥氏体在变形中 TRIP 效应的调控。该工艺过程中，当淬火温度较高时，马氏体生成量较少，可提供的碳原子较少，使得最终奥氏体不能有效稳定，在最后的淬火过程中大量转变成高碳马氏体，即二次马氏体；当淬火温度较低时，虽然可配分碳充足，但由于剩余奥氏体量较少，最终稳定下来的残奥量也较少。因此，对淬火温度的调控与优化对于最终 Q&P 钢的组织性能极为关键。

在此基础上，Speer 进一步提出了最佳淬火温度的概念[25,26]，即通过对马氏体生成量的优化调控，使得淬火后的奥氏体能够被碳配分完全保留，从而实现残余奥氏体量的最大化。随后，Clarke 等人[28]在最佳淬火温度模型中引入了奥氏体局部稳定性的影响，即假设不同位置的奥氏体因成分梯度具有不同的稳定性，进而发生不同程度的马氏体转变。该简易模型的提出为实际应用中调控淬火温度提供了有效的预测手段。

1.2.2 热力学与动力学基础研究

在 Q&P 工艺的热力学模型建立方面，Speer 等人提出了限制条件准平衡（Constrained Paraequilibrium，CPE）模型[17]，后改称为限制条件碳平衡（Constrained Carbon Equilibrium，CCE）模型[29~31]，主要是用来描述发生在淬火马氏体和残余奥氏体之间的碳配分过程的终点状态，相应的计算公式如下[17]。

（1）各相中碳化学势平衡。

$$X_C^\gamma = X_C^\alpha \cdot \exp \frac{76789 - 43.8T - (169105 - 120.4T)X_C^\gamma}{RT} \tag{1-1}$$

式中，X_C^γ、X_C^α 分别表示碳在铁素体和奥氏体中的摩尔分数；T 为淬火温度，单位为 K；R 为气体常数，数值为 8.314J/(mol·K)。

（2）铁原子守恒。

$$f_{CCE}^\gamma (1 - X_{C_{CCE}}^\gamma) = f_i^\gamma (1 - X_C^{alloy}) \tag{1-2}$$

式中，f_{CCE}^γ、$X_{C_{CCE}}^\gamma$ 分别是配分完成后奥氏体的摩尔分数与奥氏体中碳含量的摩尔分数；f_i^γ、X_C^{alloy} 分别是淬火后奥氏体的摩尔分数及原始合金碳含量的摩尔分数。

（3）碳原子守恒。

$$f_{CCE}^{\alpha} X_{CCE}^{\alpha} + f_{CCE}^{\gamma} X_{CCE}^{\gamma} = X_C^{alloy} \qquad (1-3)$$

配分后马氏体中的碳含量加上奥氏体中的碳含量等于原始合金中的碳含量，在配分过程中，马氏体中过饱和的碳扩散到奥氏体中，碳的总量并不发生改变。

（4）相守恒。

$$f_{CCE}^{\alpha} + f_{CCE}^{\gamma} = 1 \qquad (1-4)$$

在钢的成分已知，且淬火后相比例及各相碳含量确定的情况下，存在四个未知数，即表征配分后的四个参量：马氏体与奥氏体的体积分数及对应的碳含量摩尔分数 f_{CCE}^{α}、f_{CCE}^{γ}、X_{CCE}^{α}、X_{CCE}^{γ}，联立以上四个方程，即可确定方程的唯一解，即配分终点的唯一解。

对于 CCE 模型所表征的配分终点唯一性，可以通过图 1-4 进行说明。在稳态平衡条件下，Fe-C 二元合金体系中铁素体与奥氏体之间的成分-吉布斯自由能曲线如图 1-4（a）所示。由两相的公切线可知：在某一温度下达到平衡状态时，铁原子和碳原子的化学势在铁素体中和在奥氏体中相等，但由于实际淬火温度较低，铁原子扩散能力较差，因此最终化学势并不能达到理想状态。而在 CCE 条件下，Fe-C 二元合金体系中铁素体与奥氏体之间的成分-吉布斯自由能曲线如图 1-4（b）所示。当在某一温度达到 CCE 平衡时，马氏体和奥氏体中碳原子的化学势相等，而铁原子和置换原子化学势不相等。

实际上，CCE 模型只考虑了配分过程的热力学，原则上有无数种可能的配比方式，图 1-4（b）所示为任意的两种成分配比方式。但如果初始的马氏体和奥氏体的体积分数确定，其最终的成分配比方式就是唯一的，即具有唯一解。当然，该模型还存在一些问题，例如未考虑位错等缺陷对碳原子分布的影响，同时模型中所采用的活度系数适用于质量分数小于 1% 的低碳含量，如果高于这一数值，只能得到近似结果。此外，Hillert 等人认为该模型没有考虑合金元素在界面处的再分布，而这在实际上，在长时间配分时这是不可避免的[29,31]。因此，该模型仍需要进一步修正优化。

对于淬火配分动力学研究而言，初期的工作主要是在界面固定条件下对奥氏体和马氏体中元素的均匀化过程进行分析[28,32]。由于碳在马氏体中的扩散系数要远远大于其在奥氏体中的扩散系数，因此马氏体中的碳优先快速配分到奥氏体中，随后奥氏体中的碳再逐渐扩散到整个区域并均匀化，配分过

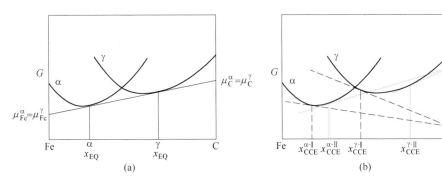

图 1-4　特定温度下铁素体和奥氏体间的亚稳平衡状态（Fe-C 二元合金体系）[17]

（a）正平衡条件；（b）CCE 条件

程到达终点。后期，Speer 等人从热力学的角度分析了界面迁移的条件，并推测出特定条件下界面反向迁移的可能性[33]。随后，钟宁等人在 TEM 下观察到了马氏体和奥氏体的弯曲界面，并推断此为界面迁移的结果[34]。2015 年，荷兰的 Santofimia 等人进一步利用原位 TEM 直接观察到了马奥界面迁移现象的存在，并通过与模拟结果对比推断界面条件为半共格条件[35]。

此外，Santofimia 等人通过改变界面激活能实现了对不同界面特性（共格、半共格、非共格）下碳配分过程的模拟，从而得到了不同条件下界面迁移及元素扩散的特征[36,37]。该结果同样预测到反向界面迁移现象的存在。其中共格或半共格界面条件下的部分模拟结果如图 1-5 所示。

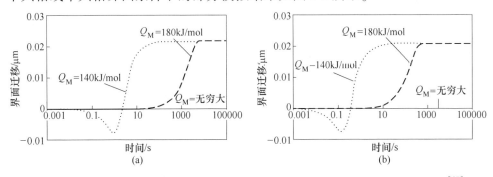

图 1-5　不同 Q&P 工艺下马奥界面位置随时间变化情况（共格或半共格界面条件）[37]

（a）淬火温度 300℃，配分 350℃；（b）淬火温度 300℃，配分 400℃

1.2.3　复杂相变过程及对碳配分的影响

理想 Q&P 工艺下，配分过程只发生碳原子从马氏体向奥氏体的扩散。然而在实际过程中，马氏体回火、贝氏体相变与碳配分同时发生并交互作用，共同造成了配分过程的复杂变化[38]。具体来说，淬火生成的一次马氏体具有较低的碳浓度，其在后续的配分过程中发生马氏体回火现象。随着回火程度的不断增加，马氏体中的碳首先偏聚到马氏体中缺陷处，如位错、大小角晶界等；进一步，马氏体中析出过渡型碳化物，如 ε 碳化物、η 碳化物等；到回火的最终阶段，过渡型碳化物溶解，而渗碳体随之析出。与此同时，伴随着奥氏体分解以及马氏体基体充分回复成铁素体等现象[39,40]。对于 Q&P 钢而言，由于 Al、Si 等合金元素能够有效抑制渗碳体的析出，因此在整个马氏体回火过程中很难会有渗碳体出现。此外，大量研究表明，Al、Si 元素的添加并不能对过渡型碳化物析出起到抑制作用，反而能通过降低生成能来起到稳定过渡型碳化物的作用[41]。因此，在 Q&P 钢组织中可以经常性地观察到过渡型碳化物的存在[38,42]。

在 Q&P 钢提出之初，各种奥氏体分解反应均被排除在外，包括珠光体转变、贝氏体转变等。但在实际热处理过程中，尤其是在低碳 TRIP 钢成分体系下，配分段贝氏体的形成是很难避免的[39,43]。此外，众多学者研究表明，即使配分温度在马氏体开始转变点以下，仍然有贝氏体转变的发生，学者从热力学和动力学等多个角度进行了深入分析[44~46]。对于 Q&P 钢而言，配分段生成的贝氏体主要是无碳化物贝氏体，其常见形态有块状和板条状两种。有学者认为，这两种形态可以统一成板条状，块状贝氏体是板条贝氏体的垂直截面形貌[47]。因此，在无碳化物贝氏体存在的情况下，不仅存在马氏体的碳配分，而且还存在贝氏体铁素体的碳配分，从而更加有效提高最终奥氏体中的碳浓度，同时也可以明显细化最终的组织，实现残奥碳含量和体积分数的共同提高。

总体来说，Q&P 钢的组织演变是一个极其复杂的相变过程，是多种相变的耦合，因此需要 Q&P 钢的研究者在充分了解其复杂性的基础上进行深入分析，从而揭示深层次的演变机理，实现对实际工艺调控的有效支持。

1.3 Q&P 钢的成分与工艺

1.3.1 Q&P 钢的合金成分设计

Q&P 钢的合金成分不仅对钢中残余奥氏体的含量与稳定性有影响，而且对热处理后的显微组织和力学性能有重要影响[48]。Q&P 钢的合金成分设计主要出于以下几条原则：

（1）添加一定量合金元素提高钢材淬透性，从而提高强度并降低马氏体生成的临界冷速。

（2）通过成分设计抑制配分段渗碳体等碳化物的析出，实现马氏体中碳最大程度配分稳定奥氏体。

因此，Q&P 钢成分设计应在成本适中的前提下，添加适量的合金元素，提高钢材淬透性的同时保留更多的残余奥氏体，从而获得成本与性能兼顾的优质 Q&P 钢。

C 是钢中最基本的元素，在 Q&P 钢中主要起到强化马氏体基体和稳定奥氏体的作用[49]。Q&P 钢基本成分属于亚共析钢，对于亚共析钢来说，随着碳含量的增加，C 曲线右移，M_s 点降低，马氏体形成的临界冷速降低，钢的淬透性提高。此外碳元素还可以扩大奥氏体相区，降低奥氏体中原子扩散速率，延长奥氏体转变的孕育期，减慢转变速度，推迟铁素体和贝氏体的转变[50]。对于 Q&P 钢而言，实质就是利用碳在铁素体和奥氏体间的溶解度差异以及碳能够发生低温配分，最终获得室温下稳定存在的富碳奥氏体和马氏体混合组织[51]。

Mn 元素也是 Q&P 钢中必不可少的元素之一。Hanzaki 等人[52]最早发现 Mn 元素可以扩大奥氏体区，提高奥氏体的稳定性，延迟铁素体的析出，推迟珠光体转变和贝氏体转变，显著提高钢的淬透性。另外，Mn 元素能以固溶强化的方式强化马氏体基体，提高钢的强度。然而，如果 Mn 元素添加过量，会增加钢材冶炼、铸造和焊接过程的难度。

Si 元素是非碳化物形成元素。Q&P 钢中碳化物的存在会消耗可配分碳含量，大量奥氏体在淬火过程中由于富碳程度不够发生马氏体相变，导致最终钢中保留的残余奥氏体含量较少，实验钢综合力学性能不佳。钢中 Si 元素的添加大幅度提升了渗碳体的形核驱动力，从而抑制渗碳体的形成，增加钢中可配分碳含量，进而提高残余奥氏体含量。此外，Si 元素能够大大提高碳原子在铁素体和奥氏体中的活度，同时减少碳在铁素体中的固溶度，从而增加奥氏体中的碳含量，起到稳定奥氏体的作用[53]。Hauserova[54]和 Santofimia[55]等人通过热处理实验，证实了 Q&P 钢中 Si 元素的添加可以提高配分阶段奥氏体的稳定性。然而钢中 Si 含量要适量添加，过多的 Si 含量会降低钢的塑性和韧性，并且使钢的表面质量变差。

Al 元素与 Si 元素类似，也可以抑制碳化物的析出，增加钢中可配分碳含量，提升奥氏体稳定性，此外钢中 Al 元素的添加还可以起到细化晶粒的作用[56]。一些修正型 TRIP 钢中会部分以 Al 代 Si，改善钢板的表面质量，降低加工难度，但是最终得到的奥氏体含量较少，伸长率也相对较低[57]。另外，钢中 Al 元素的添加可以显著增加贝氏体转变动力，促进残余奥氏体的保留[58]。然而钢中 Al 元素同样要适量添加，过多添加 Al 元素容易造成连铸过程水口的堵塞。

Q&P 钢中 Nb、Ti、Mo 等微合金元素的添加不仅可以细化晶粒，而且可以形成尺寸较小的微合金碳化物弥散分布于马氏体板条内部，提升钢材强度。然而在 Q&P 钢研究初期，微合金元素的添加是完全不被考虑的，因为淬火配分工艺的原始概念中认为这些合金元素的添加会形成相应的碳化物，消耗钢中有效碳含量，从而减弱奥氏体的富碳程度。上海交大的徐祖耀等人基于Nb、Mo 析出强化提出了淬火-配分-回火（Quenching-Partitioning-Tempering，Q-P-T）工艺[59]，在碳配分的基础上引入 Nb、Mo 等纳米级弥散析出，在不损失塑性的条件下进一步强化基体强度，实现了在高强及超高强领域的研发与应用[60,61]。

1.3.2 多元化 Q&P 工艺路线

近年来，在经典 Q&P 概念的基础上，许多新型的 Q&P 工艺不断涌现，例如适用于热轧产线的动态淬火配分工艺（Dynamic Quenching and Partitioning，DQ&P）、多步淬火配分工艺（Stepping-Quenching-Partitioning，S-Q-P）、Q-P-T 工艺、贝氏体型淬火配分工艺（Bainite-based Quenching and Partitioning，BQ&P）以及淬火配分深冷回火热处理工艺（Quenching-Partitio-ning-Cryogenic-Tempering，Q-P-C-T）等，进一步丰富了 Q&P 钢的工艺思想。下面分别对这些新型 Q&P 工艺的相关技术路线与组织性能特点进行介绍。

热轧动态 Q&P 工艺是在奥氏体或部分奥氏体区完成热轧压下，随后快速冷却到马氏体相变区完成部分马氏体化，之后缓慢空冷或在卷取过程中实现连续冷却过程中的动态配分[62~64]。该工艺的一个主要特点是充分利用了热轧热量，大幅度降低了轧后热处理的能源消耗，为 Q&P 工艺的发展提供了一个全新的思路。

S-Q-P 工艺是在传统 Q&P 工艺基础上引入多次循环退火配分[65]。经过多次 Q&P 处理后，钢中马氏体与奥氏体组织不断被细化，从而显著提高钢材的强度与塑性。有学者将 0.2C-2.4Mn-1.15Si-0.35Mo-0.09V（质量分数）实验钢分别进行 Q-T、Q-P 和 S-Q-P 工艺处理，结果表明经 S-Q-P 工艺处理的实验钢综合力学性能最佳，强塑积可达 23.7GPa·%，与 Q-T 和 Q-P 工艺相比，强塑积分别增长了 13% 与 7%[66]。

BQ&P 工艺是在传统 Q&P 工艺的基础上引入预置贝氏体来调控整体组织演变过程，最终的微观组织包括无碳贝氏体、马氏体和残余奥氏体。有研究者对 0.40C-2.1Mn-1.7Si-0.4Cr 实验钢进行 BQ&P 工艺处理，结果证明组织中的预置贝氏体不仅可以改善实验钢的力学性能，而且能够提高变形区域的裂纹抗性，最终实验钢的强塑积可达 47.5GPa·%[67]。

淬火配分深冷回火新型热处理工艺是在 Q-PvT 工艺基础上发展而来的，该工艺是在传统 Q&P 处理后利用液氮进行深冷处理，随后再进行低温回火。相关研究者对 Fe-0.20C-2.0Mn-1.8Si-0.6Cr-0.3Mo-0.06V 实验钢进行了 Q-P-C-T 处理[68]，最终抗拉强度为 1236MPa，室温冲击功可达到 113J/cm²，与经 Q-P-T 工艺处理的试样相比，韧性提高约 23%。该热处理过程中 Q&P 及深冷处理的相应组织演变如图 1-6 所示。

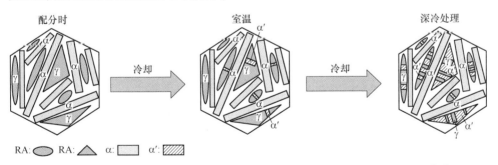

图 1-6 淬火配分深冷回火（Q-P-C-T）处理中 Q&P 及深冷处理的组织演变[68]

1.4 Q&P 钢的典型组织与力学性能

Q&P 钢的微观组织很大程度上取决于所采取的热处理工艺。根据工艺的不同，Q&P 钢的典型组织分为两种：

（1）全奥氏体化 Q&P 组织（见图 1-7（a）），其基体组织为马氏体，残余奥氏体主要分布于马氏体板条之间，同时存在一定量的无碳化物贝氏体，整体组织分布较为均匀。

（2）临界区 Q&P 组织（见图 1-7（b）），由铁素体、贝氏体、马氏体和残余奥氏体组成，铁素体引入带来的元素不均匀性与多样化的组织类型，使得整体组织呈现明显的不均匀分布特征。

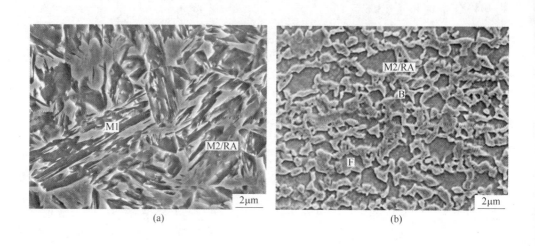

图 1-7　Q&P 工艺下的典型微观组织形貌

（a）完全奥氏体化 Q&P 工艺；（b）部分奥氏体化 Q&P 工艺

Q&P 钢优异的性能可以归结为硬相回火马氏体基体和软相残余奥氏体的良好匹配，以及残奥形变过程中发生的 TRIP 效应。另外，传统 Q&P 工艺下奥氏体中 C 元素存在明显的不均匀分布现象，因此最终保留下来的残余奥氏体具有多样化的稳定性及形貌特征，其中最常见的是薄膜状残余奥氏体和块状残余奥氏体。分布在马氏体板条间的典型薄膜状残余奥氏体如图 1-8（a）和（b）所示，其宽度一般在 100nm 左右。图 1-8（c）和（d）为典型的块状残余奥氏体，这种类型的残余奥氏体一般分布在铁素体周围或马奥岛结构中，且尺寸较薄膜状残余奥氏体要大得多。事实上，多种形态分布的残余奥氏体能够更加积极有效地发生 TRIP 效应，从而有利于最终力学性能的提升[69]。

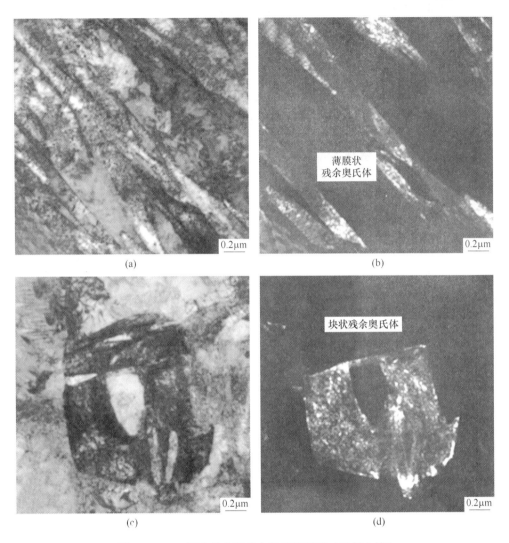

图 1-8 Q&P 钢中的典型残余奥氏体形貌（透射电镜）

（a）薄膜状残余奥氏体明场像；（b）薄膜状残余奥氏体对应暗场像；

（c）块状残余奥氏体明场像；（d）块状残余奥氏体对应暗场像

Q&P 钢的成分、组织和性能有如下特点：

（1）以碳含量（质量分数）为 0.2% 左右的低碳合金钢为主[70~72]，添加 Mn、Si、Al 等合金元素[65,73~76]，目的是稳定残余奥氏体和抑制配分后期的渗碳体析出。

（2）Q&P 钢的典型组织分为两种：一种是马氏体和残余奥氏体的混合组织，整体组织具有较好的均匀性[77]，此类 Q&P 钢在变形过程中也呈现出较好的变形均匀性；另一种是铁素体、马氏体和残余奥氏体的混合组织[78,79]，其基体组织为强度差异性明显的铁素体和马氏体，这种组织在变形过程中容易出现与 DP 钢相类似的应变配分不均匀现象[80]。

（3）残余奥氏体发生 TRIP 效应是决定 Q&P 钢力学性能的关键因素。提高 C、Mn 含量可以使 Q&P 钢保留更多的残余奥氏体。同时，残余奥氏体的晶粒尺寸和形态也是影响其稳定性的重要因素，通常 Q&P 钢和 TRIP 钢中残余奥氏体的尺寸越小其稳定性越好。相关研究表明，尺寸在 $0.01 \sim 1\mu m$ 之间的残余奥氏体具有比较适中的稳定性[81,82]。变形过程中，Q&P 钢在小应变时的加工硬化率相对较高，当残余奥氏体在较大的应变下发生 TRIP 效应时，硬相马氏体生成，因此整体的加工硬化指数不断增加。最终实验钢的抗拉强度主要受控于实验钢屈服强度和加工硬化行为[83~85]。

Q&P 钢的典型工程应力应变曲线和加工硬化曲线如图 1-9 所示。该试样在 $830°C$ 退火，随后淬火至 $250°C$，并在 $380°C$ 配分 100s，然后最终冷却至室温。由图 1-9（b）可知，所有典型试样的加工硬化行为可大致分为三个阶段[86]：

（1）快速上升阶段。在变形最初阶段，多晶体进行多系滑移，各个滑移系开动的位错相互交割缠结，从而使得加工硬化率快速增加。

（2）快速下降阶段。由于应变过程中铁素体的动态回复作用，使得整体加工硬化率快速下降。与此同时，如图 1-9（b）中箭头所示，少量稳定性较差的残余奥氏体较早地发生了 TRIP 效应，导致加工硬化率的突然增加，并且由于不同试样的残余奥氏体稳定性存在差别，TRIP 效应发生在不同时期。

（3）缓慢下降阶段。随着应变的增加，Q&P 钢组织中各相均参与变形过程，并且如图 1-9（b）中对应的放大图所示，较高稳定性的残余奥氏体开始在较宽的应变范围内发生持续的 TRIP 效应，使组织中硬相的马氏体体积分数增加，从而提高了加工硬化率，推迟了颈缩和断裂的发生。

由此可见，Q&P 钢中的残余奥氏体对其加工硬化行为有重要影响，调控残余奥氏体的稳定性和体积分数对实验钢力学性能起到至关重要的作用。

TRIP 钢和 Q&P 钢的增塑机制大致相同，都是利用残余奥氏体的 TRIP 效应提高塑性，但由于二者基体组织存在较大差异，因此有必要对 TRIP 钢和 Q&P 钢的典型拉伸断口和裂纹扩展路径进行对比，结果如图 1-10 所示[87]。

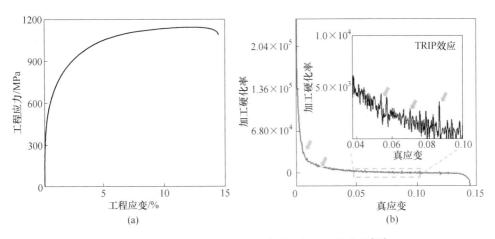

(a)

(b)

图 1-9 Q&P 钢的工程应力应变曲线和加工硬化曲线[86]

（a）应力应变曲线；（b）加工硬化曲线

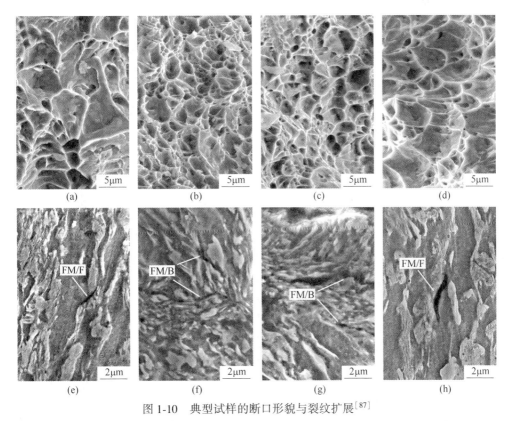

图 1-10 典型试样的断口形貌与裂纹扩展[87]

（a）TRIP-310 断口形貌；（b）TRIP-350 断口形貌；（c）TRIP-380 断口形貌；（d）Q&P-380 断口形貌；
（e）TRIP-310 裂纹扩展；（f）TRIP-350 裂纹扩展；（g）TRIP-380 裂纹扩展；（h）Q&P-380 裂纹扩展

其中，Q&P 试样在 810℃ 退火，随后淬火到 150℃ 的盐浴炉中保温 30s，然后提温至 380℃ 保温 500s，再水冷至室温，记为 Q&P-380。TRIP 试样在 810℃ 退火，随后分别淬火到 310℃、350℃ 和 380℃ 的盐浴炉中保温 500s，再水冷至室温，按照淬火温度不同，分别标记为 TRIP-310、TRIP-350 和 TRIP-380。从图 1-10 (a)~(d) 可以看出，TRIP 钢和 Q&P 钢均属于韧性断裂，但各试样断口附近的裂纹扩展有所不同（见图 1-10 (e)~(h)）。由于协调变形能力的差异性，软硬相的相界附近容易产生裂纹，因此在 TRIP 试样中，扩展裂纹主要存在于铁素体与新鲜马氏体的相界处（见图 1-10 (e)）或新鲜马氏体与贝氏体相界附近（见图 1-10 (f)、(g)）。在 Q&P 钢中，扩展裂纹主要萌生于回火马氏体与铁素体相界面附近（见图 1-10 (h)）。TRIP 钢和 Q&P 钢的裂纹萌生有一定的相似之处，都主要发生在硬度差异较大的相界面，且都以韧性断裂为主。

1.5 Q&P 钢工业现状

自 2003 年工艺概念提出以来，Q&P 钢就因其高强高塑的优良力学性能受到研究学者和钢铁行业的高度关注[17]。2010 年，上海宝钢利用具有高温均热、高速冷却和淬火再提温功能的高强专用退火线率先研发出 980MPa 级别 Q&P 钢，随后于 2015 年，宝钢第一卷 Q&P1180GA 钢成功下线，其伸长率可达到 15% 以上，首次实现了 980MPa 强度以上级别高强钢的锌层合金化[88]。2019 年，宝钢再次全球首发 1500MPa 级别 Q&P 钢，其伸长率是同级别马氏体钢的 2 到 3 倍，与现有冷冲压超高强钢相比，可实现减重 10%~20%[89]。另外，鞍钢利用其"快速冷却+两步配分"高强专用退火线成功研发出 980MPa 及 1180MPa 级别的 Q&P 钢，并在国内率先生产出 1400MPa 级别的超高强 Q&P 钢[90]。

然而，现有 Q&P 钢的工业化生产必须依托于具有高速冷却和淬火后快速提温等特殊功能的高强专用连退线，而国内已有和在建的四十余条大型连续退火产线中，仅有两三条连退线具备这样的条件。这一设备现状极大地限制了新一代高强塑积汽车钢的推广和应用。2016 年，东北大学轧制技术及连轧自动化国家重点实验室（RAL）许云波教授团队与河钢唐钢合作，通过成分设计、奥氏体稳定化和多相微观组织的精准调控，在传统连续退火生产线成功生产出高强塑积 Q&P980 汽车用钢，成品的综合性能优异，抗拉强度不小于 980MPa，屈服强度不小于 600MPa，伸长率可达 25%左右[91]。在这一工作的示范下，马钢于 2018 年在 2130mm 的连续退火生产线上成功研发出 980MPa 级别 Q&P 钢，并且通过设备与工艺优化消除了 Q&P980 铸坯质量缺陷，强塑积可达 22GPa·%[92]。随后，国内其他几家钢铁企业也陆续在传统连续退火产线上开发出 Q&P980 产品，彻底打破了"只有高强专用退火线才能生产 Q&P 钢"现状，推动了我国汽车轻量化钢铁材料的研究和应用进程。

1.6 用户使用技术研究

目前，高强钢在汽车白车身上所占的比例日益增加，在国际钢铁协会组织的汽车轻量化项目中，白车身应用超高强钢的比例已经达到了 50%~60%，而我国该比例为 35%，两者之间仍存在较大差距[93]。为了实现轻量化和高性能的结合，国内企业相继开展了对高强度结构件的研究。2012 年，宝钢投入 4000 万元开始进行超轻型白车身（Baosteel Car Body，BCB）的研发[94]，用材包括最新开发的 Q&P1180、MS1500、TWIP950 等新型高强钢产品。在成形工艺方面，该白车身应用了宝钢热冲压成形、液压成形、辊压成形、VRB 板成形和激光拼焊板成形等先进成形技术，实车轻量化系数达到 2.7[95]。2018 年，宝钢 BCB1.0 Plus 成功研发，其白车身如图 1-11 所示[96]。在随后的内容中，本书将会从零部件、成形性能、焊接性能三个方面介绍 Q&P 钢用户使用技术方面的研究工作。

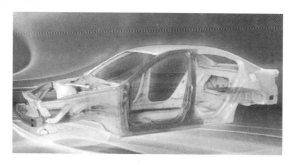

图 1-11 宝钢概念车白车身[96]

1.6.1 Q&P980 在汽车零部件行业的使用

目前，宝钢已经将 980MPa 和 1180MPa 级别的冷轧产品应用于形状较为复杂的车身结构件和安全件的制造，例如 A/B 柱加强板、A/B 柱内板及车门铰链加强板等，并成功实现了商业化应用[97]。典型 Q&P 钢汽车零部件产品如图 1-12（a）所示。

　　宝钢王利等人[97]对宝钢 Q&P980 实验钢进行了全面的成形实验，并完成了 B 柱内板、车门内板等汽车零件的试制，研究表明 Q&P980 具有良好的加工性能，可以替代同级别传统高强钢。同时，有关 Q&P980 和 Q&P1180 的材料在汽车地板纵梁拉延件、B 柱内板加强件和 B 柱中立柱的冲压试制也相继取得成功，和同级别双相钢相比具有更高的安全裕度[98~100]。图 1-12（b）为宝钢 BCB1.0 Plus 上的超高强钢冷成形门环[96]，相应的五个部件均由 Q&P 钢制成（见表 1-1），冲压成形后采用激光拼焊焊接在一起，最终乘员舱的侧面碰撞性能大幅提升，同时轻量化减重效果可提升 10%～15%。

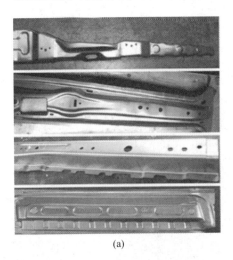
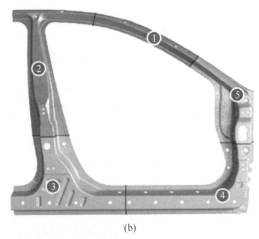

(a)　　　　　　　　　　　　　　　(b)

图 1-12　典型 Q&P 钢汽车零部件产品

（a）典型 Q&P 钢汽车零部件[97]；（b）宝钢 BCB1.0 Plus 上的超高强钢冷成形门环[96]

表 1-1　超高强钢冷成形门环对应材料[96]

序号	1	2	3	4	5
零件区域	A柱上边梁区域	B柱上部区域	B柱下部区域	A柱下部及门槛区域	A柱上部区域
牌号	HC600/980QP-EL	HC820/1180QP-EL	HC600/980QP-EL	HC600/980QP-EL	HC600/980QP-EL
厚度/mm	1.4	2.0	2.0	1.4	1.2

1.6.2　Q&P980 的成形性能

作为一种汽车用高强钢，除了力学性能以外，Q&P 钢的成形性能也会影响用户的实际应用。成形性能差的钢材在冲压加工过程容易发生起皱、开裂与回弹等缺陷，严重阻碍其在汽车行业的使用[101]。常见的成形性能检测包括扩孔、杯突、拉深、折弯以及成形极限等，通过对典型状态下的成形性能进行检测，可为工业生产中实际冲压过程提供参考。对于高强钢，尤其是 Q&P 钢而言，较高的强度和复杂的相组成给成形性能带来很大影响。较高的强度增加了变形难度，同时对冲压设备提出了更高的要求。另外，Q&P 钢的复杂相组成使晶界处性能存在较大差异，容易在冲压过程中出现缺陷[102,103]。

目前，对 Q&P 钢成形性能的研究主要以宝钢 Q&P 产品为主。王利等人[97]对宝钢 Q&P980 的成形极限、弯曲性能和扩孔性能进行检测，结果表明宝钢 Q&P980 平面应变点 FLD_0 约为 25%，达到 DP780 级别，最小相对弯曲半径在 2 左右，优于同级别双相钢，冲孔扩孔率可达 30%，可以满足汽车行业对零部件的生产需要[104]。另外，有关宝钢 Q&P1180 产品的成形性能也在陆续开展。研究表明，Q&P1180 平面应变点 FLD_0 约为 8.2%，极限拉深比 LDR可达 2.17，均优于同级别双相钢和马氏体钢[100~105]。Q&P980 与 Q&P1180 的成形极限图如图 1-13 所示。和同级别高强钢相比，Q&P 钢具有高强度和高成形性，可以在保证安全性能的基础上实现车身减薄，完成复杂的车身结构件和安全件的生产。

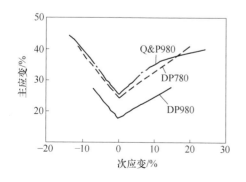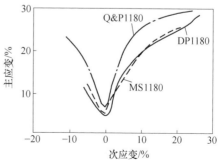

图 1-13　不同产品的成形极限图比较[100]

1.6.3 焊接工艺与接头性能

焊接作为汽车制造的关键部分，是车身、各零部件间实现连接的重要工艺，各部件的焊接质量严重影响汽车的安全性。

汽车制造中应用到的焊接方法主要有电阻点焊、激光焊等。电阻点焊属于压力焊范畴，利用电流流过电极和试样产生的焦耳电阻热达到极高的温度以熔化金属实现工件间的原子级连接，其原理如图 1-14 所示。激光焊是通过聚焦系统将激光器受激产生的激光束调焦到焊件接头处，将光能转换为热能，使金属熔化形成接头，如图 1-15 所示。电阻点焊能否实现焊件的连接主要依赖于工件间的接触电阻，电阻热可通过式（1-5）进行计算[106]。

$$Q = I^2 R t \tag{1-5}$$

式中，Q 为焊接过程中的总体热输入；R 为焊接系统中的总电阻，如图 1-14 所示 R 为 $R_1 \sim R_7$ 之和；I 为焊接电流；t 为焊接电流作用时间。

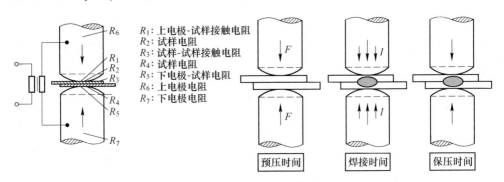

R_1：上电极-试样接触电阻
R_2：试样电阻
R_3：试样-试样接触电阻
R_4：试样电阻
R_5：下电极-试样电阻
R_6：上电极电阻
R_7：下电极电阻

图 1-14　电阻点焊原理[106]

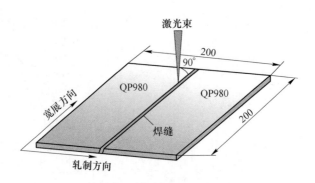

图 1-15　激光焊接原理[107]

电阻点焊工艺在汽车装配过程中起着非常重要的作用。它作为最为传统的连接方法,在汽车连接方法中占有非常大的比重,可达 75%。在汽车工业中,每个车身所包含的电阻点焊焊点为 2000~5000 个[108],车身焊点的质量是汽车整体安全性能的重要影响因素。相较于传统汽车钢,先进高强钢添加特殊的合金元素,除提升其性能外,还使整体碳当量(Ceq)升高。碳当量计算公式如下[109]:

$$Ceq = w[C] + \frac{w[Mn]}{6} + \frac{w[Si]}{24} + \frac{w[Ni]}{40} + \frac{w[Cr]}{5} + \frac{w[Mo]}{4} \tag{1-6}$$

材料的焊接性能与其碳当量有着直接联系[110],若材料的碳当量小于 0.4,则其焊接性能良好;若碳当量介于 0.4~0.6 之间,则其焊接性能较差;若材料的碳当量大于 0.6,则认为其焊接性能极差。淬火配分钢一般选用 C-Mn-Si 系成分体系,其碳当量值一般都超过了 0.6,属于焊接性能极差的材料。

Oikawa H 等人[111]针对高强钢点焊试样的力学性能进行了研究,发现随着材料含碳量的增加,点焊接头硬度提升,点焊接头尺寸显著影响其力学性能。Oikawa H 等人结合研究内容改正了先进高强钢的碳当量计算方法。

$$Ceq = w[C] + \frac{w[Si]}{30} + \frac{w[Mn]}{20} + 2w[P] + 4w[S] \leq 0.24 \tag{1-7}$$

$$Ceq = w[C] + \frac{w[Si]}{90} + \frac{w[Mn] + w[Cr]}{100} + 1.5w[P] + 3w[S] \leq 0.21 \tag{1-8}$$

$$Ceq = w[C] + \frac{2w[P]}{3} + 2w[P] \leq 0.153 \tag{1-9}$$

$$Ceq = w[C] + \frac{w[Si]}{30} + \frac{w[Mn] + w[Cr]}{20} + 2w[P] + 3w[S] \leq 0.248 \tag{1-10}$$

Q&P 钢作为第三代先进高强钢的代表,其凭借优异的强塑积和较低的生产成本,在汽车行业具有非常广阔的应用前景。由于汽车车身包含了大量的点焊焊点,因此如果焊点在承受载荷时发生脆性断裂将会极大地降低汽车的安全性能,这是限制 Q&P 钢在汽车行业全面推广的重要问题。

宝钢汽车钢团队[112]研究了 DP980 和 Q&P980 的电阻点焊性能，发现焊点熔核直径能够达到 4mm 以上，且其焊接窗口较大，比较适合工业生产。另外，有学者[113,114]对宝钢厚度分别为 1.2mm、1.6mm 的 Q&P980 工业板进行了大量的点焊实验，明确了对应的焊接窗口，并对焊点的疲劳性能进行了一系列研究，发现熔核尺寸对试样的疲劳性能影响很小，疲劳裂纹在 HAZ 中的缺口尖端附近和两个板之间的界面处开始，并且扭曲的疲劳裂纹角度接近 75°。宝钢王利等人[97]也进行了 Q&P 钢的电阻点焊研究，通过多脉冲电阻点焊方法（见图 1-16），提高了 Q&P 钢的剪切和正拉性能，使得 Q&P 钢的焊接性能得到了极大的提升，满足了工业使用标准。

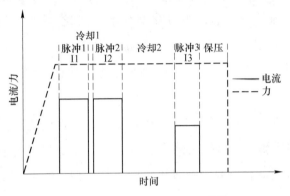

图 1-16　电阻点焊焊接工艺[97]

Spena P R 等人[115,116]针对 Q&P 钢点焊性能的提升，进行了 Q&P 钢进行异质点焊实验，通过将 Q&P 钢与 TWIP、TRIP 钢进行异质焊接，优化了焊接参数，得到了初步的焊接窗口，研究发现最后试样熔核分布极其不均匀，呈非对称状态，这是由于材料两侧成分、电阻率、熔点不同导致的。研究还发现在 TWIP 钢一侧的熔核组织中仍保留有大量的奥氏体组织；分析断裂路径，发现裂纹首先在 TWIP 侧出现，但最终断裂位置却是在 Q&P 侧，这是因为相比于 Q&P 熔核内部淬硬的粗大马氏体组织，奥氏体的加工硬化效果更加明显，应力更易传递到 Q&P 一侧形成应力集中，最终发生断裂失效。经过大批量的实验验证，Q&P-TRIP 焊接接头的力学性能可达到汽车工业的标准，为实际汽车钢焊接参数的制定提供了依据。

北京航空航天大学和清华大学相关团队[117,118]针对 Q&P 钢的激光焊性能进行了研究，对宝钢生产的 Q&P980 工业板进行了激光焊实验，通过采用不

同的焊接工艺研究了接头微观组织、硬度、力学性能和成形性能。如图 1-17
（a）所示，接头可以分为熔核区、热影响区和基体三大部分。图 1-17（b）
为熔核区内马氏体组织，图 1-17（c）~（e）分别为峰值温度不同的热影响区
组织，图 1-17（f）为典型的软化区回火马氏体组织。通过维氏硬度试验发现
（见图 1-18），在热影响区与基体之间存在一个软化区，其在拉伸实验中容易
出现应力集中，造成焊件提前断裂；接头的疲劳极限要低于基体的疲劳极限，
总是在焊接区域发生疲劳失效。

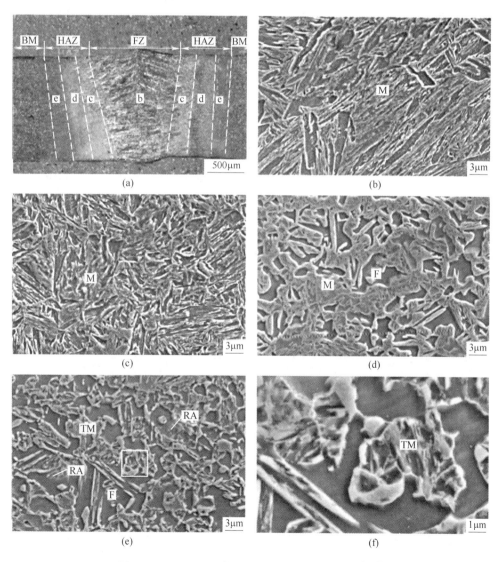

图 1-17 Q&P980 的典型激光焊接接头微观组织[117]

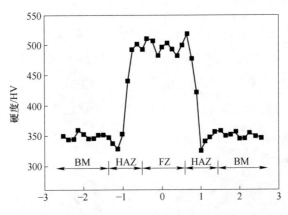

图 1-18　Q&P980 的典型激光焊接接头硬度分布[118]

1.7　研究背景与研究内容

近年来，随着汽车行业的高速发展以及节能、环保与安全等要求的日益提升，人们对汽车钢的关注重点主要集中在高强减薄、高成形性和优异的用户使用体验等方面。作为第三代先进高强钢典型代表之一的淬火配分钢（Q&P 钢），是一种以热处理工艺为命名基础的新钢种，这种新工艺可认为是基于传统 TRIP 钢及 DP 钢制备工艺优化而来，因此其本身具有较好的工业适应性。然而，由于 Q&P 钢引入了元素配分的概念，并具有特殊的相变规律，因此有必要针对典型组织结构和力学性能开展系统深入的基础研究，形成淬火配分钢成分-工艺-组织-性能一体化调控理论与技术，推动新一代先进高强钢的开发和应用进程。本书在综述国内外研究现状的基础上，围绕东北大学轧制技术及连轧自动化国家重点实验室在 Q&P 钢相关领域开展的研究和应用工作及主要成果进行了全面总结和展示。

本书内容聚焦高强塑积淬火配分钢成分-工艺-组织-性能一体化设计的物理冶金基础，围绕热轧-冷轧-热处理过程组织演变和力学性能两条主线，从热/动力学模拟、连续冷却相变行为与高温变形研究、实验室中试模拟、工业化生产与用户使用技术等方面的工作进行系统阐述，主要内容概括如下：

（1）淬火配分工艺的研究背景、理论基础与研究现状（第 1 章）；

（2）淬火配分工艺的热动力学模拟研究（第 2 章）；

（3）连续冷却相变及高温变形行为研究（第 3 章）；

（4）热轧与冷轧淬火配分钢的工艺与组织性能研究（第 4、5 章）；

（5）淬火配分钢工业化应用与焊接、成形等用户使用技术研究（第 6 章）。

2 Q&P 钢的热动力学模拟

在淬火配分（Q&P）工艺概念提出之初，Speer 等人建立了限制条件准平衡模型（后改名为限制条件碳平衡模型，即 CCE 模型）来对配分终点状态进行预测[17,29~31]。该模型本质上是一种热力学模型，能够在初始成分与热处理条件确定时预测最终的热力学平衡状态（成分、相比例等）。然而，由于 CCE 模型过多地简化条件，其在应用中往往与实际结果相差较大。随后，Clark 等人引入配分动力学对 CCE 模型进行修正，大大提高了模型预测的准确性[28]。动力学方面，荷兰代尔夫特理工的 Santofimia 等人改变界面激活能，设置了不同界面条件下的配分动力学模型，并通过原位透射观察确定实际配分中马氏体/奥氏体界面更符合半共格关系[35~37]。另外，相场模拟手段也应用在 Q&P 领域，成为在微观及介观尺度研究配分动力学的有效手段[119]。本章以瑞典皇家理工推出的商业化热力学软件 Thermo-Calc 为基础，结合该软件下的动力学模拟部件 Dictra，进行典型 Q&P 钢成分的热动力学模拟计算。

2.1 基本热力学计算

本章采用最基本的 Fe-C-Mn-Si 成分体系 Q&P 钢（2-1 号钢）进行模拟计算，对应化学成分见表 2-1。该成分属于典型 TRIP 钢成分。如前所述，其中 Si 的添加是为了抑制碳化物的生成，减少配分过程中 C 的消耗；Mn 是奥氏体稳定化元素，同时可以起到固溶强化的作用。利用 Thermal-Calc 热力学计算软件对实验钢的基本热力学参数及特征进行模拟，所选用的热力学数据库为 TCFE9 数据库。由于 P、S、N、O 含量很少，且对计算结果影响很小，因此在计算过程中予以忽略。

表 2-1　2-1 号钢的化学成分（质量分数）　　　　（%）

C	Mn	Si	P+S+N	Fe
0.20	2.00	1.50	<0.01	余量

2.1.1 平衡相图

实验钢在平衡状态下的相图如图 2-1（a）所示。在相图中对应碳质量分数为 0.2% 的成分处进行详细分析，可以看出，随着温度的下降，典型实验钢发生了多种类型的相变，其对应的平衡态组织依次为：

γ(奥氏体)→α+γ(铁素体+奥氏体)→α+γ+渗碳体(铁素体+奥氏体+渗碳体)→α+渗碳体(铁素体+渗碳体)

为了进一步确定实验钢在不同温度下相应的相体积分数及重要相变点温度，计算了实验钢的相体积分数随温度的变化情况，其结果如图 2-1（b）所

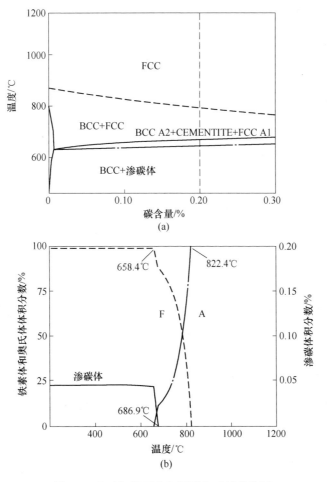

图 2-1 实验钢的平衡相图及相质量分数图

示。从图中可以看出，实验钢的 A_1 点温度约为 658.4℃，A_3 点约为 822.4℃，渗碳体回溶温度约为 686.9℃，在 750℃时铁素体和奥氏体体积分数各占 50%。另外，由于本实验钢成分简单，不含微合金元素，因此在图中并未出现微合金析出物等。

2.1.2 各相平衡成分的计算

奥氏体中各元素含量（质量分数）随温度变化的趋势如图 2-2 所示。从图中可以看出，随着温度的降低，Si 元素在奥氏体中的溶解度缓慢下降，但变化程度很小。与此同时，奥氏体中 Mn 元素的含量不断增加，这是因为随着温度下降，奥氏体含量不断减少，而铁素体容纳 C、Mn 元素的能力有限。此外，随着温度的下降，奥氏体溶解 C 的能力逐渐降低。

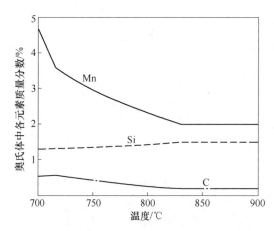

图 2-2　奥氏体中 C、Mn、Si 含量随温度的变化情况

铁素体中各元素含量随温度变化的情况如图 2-3 所示。由图可知，铁素体的溶碳能力一直很低，在高温段稍微高一些。Si 元素含量在低温段快速下降，随后保持稳定，这归结为两相区铁素体含量不断增加的缘故。700℃左右渗碳体开始析出，进一步加快奥氏体的分解，从而使得铁素体中的 Mn 含量也加速增加。最终到达铁素体单相区后，随着渗碳体中 Mn 元素的不断增加，铁素体中的 Mn 元素逐渐减少。

渗碳体中各化学元素随温度的变化如图 2-4 所示。由图可以看出，随着温度的降低，渗碳体中的 Fe 元素逐渐减少，Mn 元素逐渐增多。可见，该钢

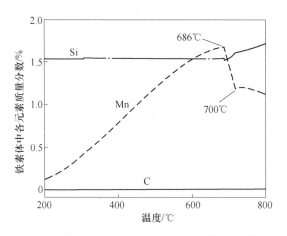

图 2-3　铁素体中各元素含量随温度的变化情况

种中的渗碳体不是单纯的 Fe_3C，而是 Fe、Mn 的合金碳化物，这也与图 2-3 中铁素体中 Mn 含量下降相符合。根据原子的摩尔比，可以大致确定渗碳体化学式，即随温度降低，渗碳体由 Fe_3C 逐渐变成（Fe，Mn）$_3$C。

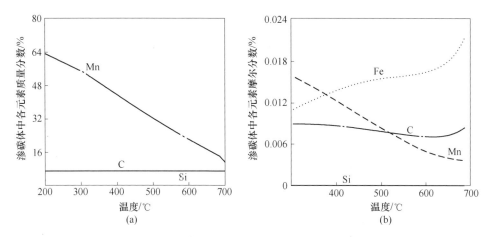

图 2-4　渗碳体中各元素含量随温度的变化情况

（a）各元素的质量分数变化情况；（b）各元素的摩尔分数变化情况

2.1.3　有效碳含量计算

实际应用过程中，为了充分利用析出强化作用，实现 Q&P 钢的高强及超高强化，往往会加入一定量的微合金元素（如 Nb、V、Ti 等）[59~61]。然而，在这类钢种中，大量的碳元素与微合金元素结合使得用于配分的有效碳含量减少，从而影响最终奥氏体的稳定性。基于这一情况，此处对可用于配分的有效碳含量进行计算，有效评价微合金元素添加对碳配分的影响。所采用的 2-2 号实验钢化学成分见表 2-2，根据 Thermo-Calc 计算出不同温度下微合金碳化物析出量与对应碳含量，从而计算出消耗在合金碳化物中的碳含量，其结果如图 2-5 所示。

表 2-2 2-2 号实验钢的化学成分（质量分数） （%）

C	Mn	Si	Al	Ti	Nb	V	Fe
0.20	2.0	1.5	0.80	0.035	0.045	0.22	余量

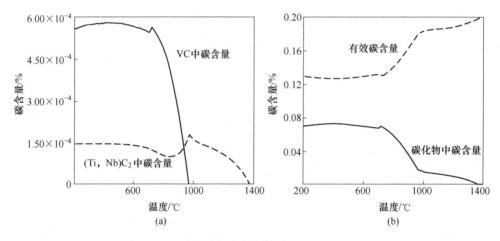

图 2-5 2-2 号实验钢中的有效碳含量随温度的变化

（a）各碳化物中的碳含量；（b）有效碳含量及碳化物中碳含量

可见，在理想状态下，合金碳化物所消耗的碳最多为 0.0728%，消耗碳含量最多的是 VC 析出。随着温度的下降，有效碳含量是逐渐下降的，而且由于合金中 V 元素添加的量较多，因此整体有效碳含量是随着 VC 的析出而变动的。在 966.85℃，即 VC 开始析出以前，整体有效碳含量缓慢降低，等到 VC 开始析出时，有效碳含量急剧下降，最终在 716.8℃ 达到基本稳定。最终的有效碳含量为 0.13% 左右。因此，VC 的析出会使得可用来淬火配分的碳的总体含量减少。与此同时，VC 作为相间析出碳化物，在铁素体中的固溶度很低，能够在铁素体中有效析出，从而提高铁素体的强度，进而有效提升实验钢的屈服强度。因此，在选择退火温度时，要兼顾析出强化作用和有效碳含量。

2.1.4 T_0温度计算

在低合金 Q&P 钢中，配分阶段除了发生马氏体碳配分以外，往往还伴随有贝氏体的生成，因此有必要对 Q&P 中贝氏体的相变特性进行分析和表征，从而更深入地理解和掌握实际 Q&P 钢的组织演变过程。T_0温度是铁素体和奥氏体吉布斯自由能相等的温度，也是无扩散相变的理论极限。基于贝氏体切变理论，贝氏体转变需要在 T_0温度以下才能进行，当奥氏体中碳含量达到该配分温度所对应 T_0线碳含量时，贝氏体转变停止。以 2-1 号实验钢为例，对该成分下的 T_0线进行计算，其结果如图 2-6 所示。由图可见 400℃配分时 T_0线对应碳含量 $w(C)_{T_0}$为 1.05%，而 CCE 模型计算的配分终点奥氏体中碳含量 $w(C)_\gamma$为 1.1%，所以理论上仅靠贝氏体配分是无法达到 CCE 模型预测的配分终点的。

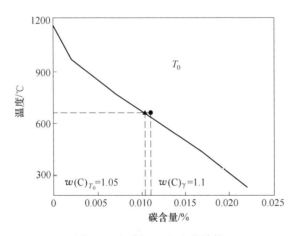

图 2-6 实验钢 T_0温度的计算

2.2 最佳淬火温度模拟计算

对于 Q&P 钢而言，最终碳配分效果或残余奥氏体的保留情况与淬火温度的选择直接相关[17]。淬火温度较高时，一次马氏体量较少，碳配分效果差，最终大量奥氏体转变成二次马氏体，残余奥氏体保留少。而当淬火温度很低时，由于大量奥氏体转变成马氏体，最终可保留的剩余奥氏体量很少，因此稳定到室温的残余奥氏体也相应减少。在这种情况下，Speer 等人提出了最佳淬火温度的概念和相应计算原则，用来估算残余奥氏体量最大时对应的淬火温度[25]。下面进行详细介绍。

2.2.1 计算模型与步骤

利用 CCE 模型对表 2-1 中的 2-1 号实验钢进行最佳淬火温度计算。对于完全奥氏体化，该模型假设配分完成后所有的碳均从马氏体配分到奥氏体中；对于部分奥氏体化，该模型首先假定在两相区时铁素体中的碳已经完全富集到初始奥氏体中，然后淬火生成部分马氏体，配分阶段这部分马氏体的碳全部配分到奥氏体中。在这两种情况下，所有的碳均假设完全配分到了奥氏体中，但对于部分奥氏体化，由于铁素体生成造成的碳的初次富集会影响这部分初始奥氏体的 M_s 点，从而使淬火到一定温度得到的马氏体的量与奥氏体化程度有关。计算马氏体转变量时，首先采用经验公式（2-1）计算原始奥氏体的 M_s 点。

$$M_s = 539 - 423w(\text{C}) - 30.4w(\text{Mn}) - 7.5w(\text{Si}) + 30w(\text{Al}) \qquad (2\text{-}1)$$

然后结合 K-M 关系式（2-2），计算原始奥氏体中转变成马氏体的体积分数。

$$f_m = 1 - e^{-1.1 \times 10^{-2}(M_s - QT)} \qquad (2\text{-}2)$$

具体计算步骤如下：

（1）确定奥氏体和铁素体的体积分数。根据所设定的退火温度，确定退火时铁素体和奥氏体的体积分数（完全奥氏体化时，铁素体为 0，奥氏体为 100%）。

（2）确定原始奥氏体的碳含量。假设铁素体中的碳含量为 0（因为铁素体中，碳的固溶度很小），所有的碳均富集到奥氏体中。

（3）确定淬火后的马氏体和奥氏体的体积分数。根据淬火温度（QT），利用 K-M 关系式（2-2）来确定奥氏体和马氏体的体积分数 M_1、γ_1。其中的 M_s 点根据经验公式（2-1）确定。

（4）确定配分后的奥氏体的碳含量。假设配分完后，马氏体中所有的碳均到了奥氏体中，计算配分后奥氏体中的碳含量。

（5）计算淬火到室温时马氏体的转变量 M_2。再次利用 K-M 关系式，计算最终淬火到室温时，γ_1 转变为 M_2 的量。

（6）计算最终的残余奥氏体的量。最终残余奥氏体的量 $\gamma_{\text{final}} = \gamma_1 - M_2$。

（7）计算最佳淬火温度。设置一系列淬火温度，画出残余奥氏体量随淬火温度变化曲线。残余奥氏体含量最大时所对应的淬火温度即为最佳淬火温度。

注意：完全奥氏体化的最佳淬火温度计算为步骤（3）~（7），部分奥氏体化的最佳淬火温度计算为步骤（1）~（7）。

2.2.2　计算结果

根据 Thermal-Calc 计算结果确定不同退火温度所对应的热力学参数，进而分别计算完全奥氏体化、70%奥氏体化、50%奥氏体化、30%奥氏体化所对应的最佳淬火温度，计算结果如图 2-7 和图 2-8 所示。从图 2-7（a）、（b）可以看出，最终保留至室温的残余奥氏体（RA）含量是淬火温度（QT）的函数，随着 QT 的降低，RA 含量先升高后下降，在最佳 QT 处会有最大 RA 保留至室温。当 QT 较高时，由于淬火生成一次马氏体较少，剩余的奥氏体较多，使得最终配分到奥氏体中的碳元素不足以稳定所有奥氏体，因此在随后的冷却至室温的过程中奥氏体相变成新鲜马氏体 M_2，最终的 RA 含量减少。随着 QT 降低，淬火时生成的奥氏体含量 M_1 增加，因此在配分时能够给 RA 提供更多的碳，使得淬火后剩余的 RA 能够完全保留下来。但当 QT 进一步降低时，奥氏体含量 M_1 进一步增加，钢中剩余未转变奥氏体的含量减少，因此最终保留至室温的 RA 也随之变少。

从图 2-7（b）、（c）中还可以看出，随着临界区奥氏体化程度降低，最佳淬火温度也逐渐降低，这是因为在临界区退火阶段，铁素体中的 C 配分到奥氏体中，从而使得原始奥氏体的富碳，稳定程度越来越高，因此最佳 QT 也逐渐变低。

为了更加直观地分析不同铁素体含量对临界区 Q&P 工艺的影响，对图 2-7 中的 CCE 模型计算结果进行统计，结果如图 2-8 所示。从图 2-8（a）可以看出，随着退火温度的降低，贫碳相铁素体的体积分数越来越大，奥氏体化程度不断降低，M_s 点越来越低。不同退火温度对应的最大 RA 含量如图 2-8（b）所示。由图 2-8（b）可以发现，随着退火温度变化，RA 含量保持不变，始终稳定在 18%，同时 RA 中的碳含量也保持相对稳定，整体为 1.1% 左右。

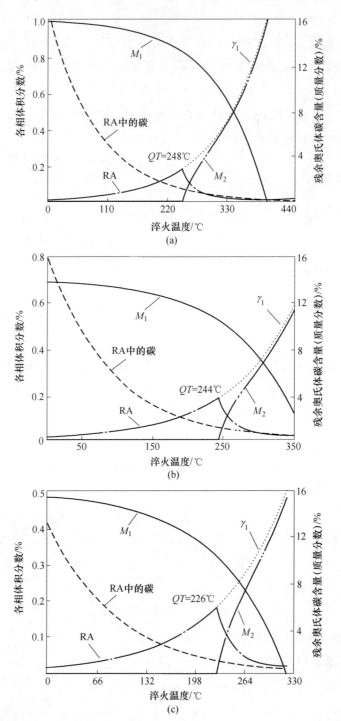

(a)

(b)

(c)

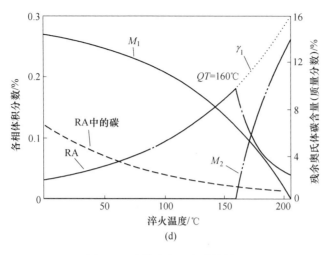

(d)

图 2-7 最佳淬火温度计算结果

（a）完全奥氏体化；（b）70%奥氏体化；（c）50%完全奥氏体化；（d）30%完全奥氏体化

需要指出的是，在计算临界区退火的 CCE 模型中，由于并未考虑贝氏体的生成，因此与实际情况相比，残余奥氏体含量可能存在较大的偏差。事实上，低碳成分体系的 Q&P 钢在临界区退火过程中，由于经历了临界区铁素体、外延铁素体的碳配分过程，因此奥氏体的 M_s 点被极大地降低，导致初次淬火时生成的马氏体含量不足，因而不能在配分阶段有效地为 RA 提供充足的碳来源，亚稳的 RA 在配分阶段分解生成贝氏体，最终室温下 RA 含量下降，与 CCE 模型的理论计算结果不符。

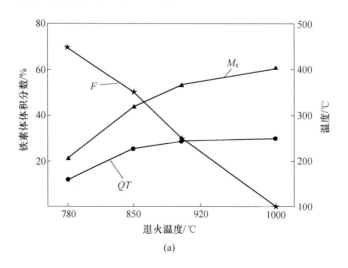

(a)

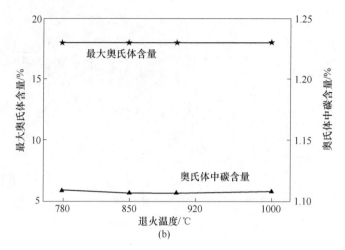

图 2-8　各参数随温度的变化情况

（a）铁素体含量、M_s 点、最佳淬火温度；（b）最大残奥含量及其碳含量

2.3　动力学模拟计算

淬火配分工艺的核心在于配分阶段，该阶段实现的是碳从马氏体向奥氏体的扩散。有效评价碳从马氏体中排出，以及碳在奥氏体中的均匀化所需要的时间就成为动力学分析的重中之重。本节利用瑞典皇家理工学院开发出的动力学模拟软件 Dictra 对这一过程的动力学进行了详细的模拟分析。

Q&P 模型发展的最初阶段是由 J. G. Speer 等人[17]提出的限制条件碳平衡 CCE 模型，其界面是固定的。后来，钟宁等人[34]发现在淬火配分过程中存在界面迁移现象，代尔夫特大学的 M. J. Santofimia 等人[36,37]随后在 Q&P 模型中引入了界面迁移理论。本节分别就固定界面和界面迁移进行模拟。

2.3.1　固定界面模拟

在 Speer 最早提出的限制条件碳平衡（CCE）模型中，其基本的几个条件是：

（1）界面固定。

（2）界面处碳化学势平衡，其他元素不平衡。

（3）没有碳分解反应（碳化物生成，珠光体、贝氏体转变等）发生。

通过模拟 Fe-C 二元系统，假设马氏体和奥氏体均为板条状，模拟一维扩散。采用的材料数据库为 TCFE9，迁移率数据库为 Mobfe4。钢种成分为 Fe-0.2C-2Mn。假设马氏体板条被两个同样大小的奥氏体板条所包围，由于组织的对称性，可取板条宽度的一半进行模拟。由于配分前为淬火得到的马氏体和原始奥氏体，因此假设初始马氏体和奥氏体的碳含量相同，且组织中成分均一。

按照 Thermo-Calc 的计算结果，假设实验钢在 900℃ 退火，即完全奥氏体化，此时淬火前原始奥氏体的 M_s 点为 382.4℃。马氏体板条尺寸为 0.2μm，奥氏体板条尺寸为 0.14μm。由最佳淬火温度计算可知，当退火温度为 900℃ 时，最佳淬火温度为 230℃。随后取初始组织为 100% 奥氏体化，淬火到 248℃，然后升温到 450℃ 进行等温配分，直到配分结束。

图 2-9 是马氏体和奥氏体中碳含量随时间的变化情况。首先分析奥氏体区域中碳含量的变化情况，如图 2-9（b）所示。从整体曲线上来看，实验钢发生了明显的碳配分，配分刚开始时（0.00001s），在靠近马氏体一侧（见图 2-9（b）右侧）的奥氏体界面上出现了碳的浓度梯度，碳含量富集的宽度很窄（约 2nm），仅在界面处富集，并没有向奥氏体内部扩散；随着配分时间的延长，富碳区域不断向奥氏体中扩展，当配分时间为 0.1s 时，配分已深入到奥氏体内部，但其界面处的碳浓度开始下降，这是由于马氏体中的碳已经基本配分至奥氏体中，碳的来源不足，并且随着碳在奥氏体中均匀化，界面处的碳浓度下降；0.5s 时，碳的配分已经进行到整个奥氏体中，并逐渐均匀化；10s 之后，奥氏体中碳均匀化过程结束，配分结束，此时奥氏体的碳含量为 0.5%。

图 2-9（a）是碳含量在马氏体中的变化情况：可以看出在配分刚开始（0.00001s），界面处（见图 2-9（a）左侧）的碳浓度开始下降，出现了浓度梯度，但马氏体内部依然保持着初始碳浓度；0.001s 时，整个马氏体区域的碳含量开始下降，0.001s 时，马氏体中整体碳含量已经很低，说明此时马氏体中的大部分碳已经由于配分而被消耗掉，这与奥氏体中界面处的碳含量由最高值到开始下降的现象基本吻合；0.001s 之后，马氏体中的碳基本维持在很低的水平，此时马氏体中碳的配分基本完成。该时间要低于奥氏体中碳配分结束的时间 10s，说明碳在马氏体中的扩散速度要明显高于碳在奥氏体中的

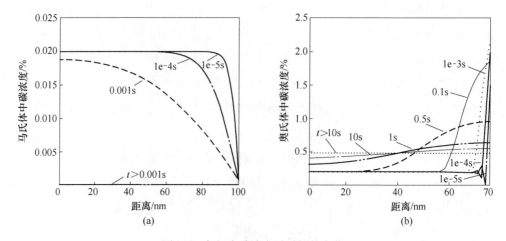

图 2-9 各相中碳浓度随时间的变化

（a）马氏体中碳浓度变化；（b）奥氏体中碳浓度变化

扩散速度。这是因为不同的晶体结构具有不同的扩散系数，碳在马氏体（bcc）中的扩散系数要明显高于奥氏体（fcc）中的扩散系数。

各相界面处的碳浓度随时间（$t^{\frac{1}{2}}$）变化的曲线如图 2-10 所示，可以看出不管是 α 还是 γ 相，在最初阶段界面处碳浓度急剧变化。对于奥氏体（见图 2-10（a）），碳原子首先在界面处富集，然后快速下降，最后缓慢变化直至平衡。开始阶段奥氏体界面处碳浓度高是马氏体排碳造成的；平稳段是由

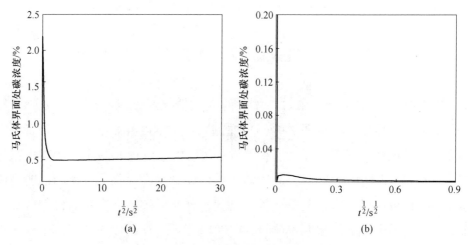

图 2-10 各相界面处碳浓度随时间的变化

（a）奥氏体界面；（b）马氏体界面

于初期扩散系数的限制造成的，需要在一段时间后其限制作用才会逐渐减弱。同时可以看出，在配分开始后，马氏体见（见图 2-10（b））靠近界面处始终处于贫碳状态，碳浓度远远低于原始碳浓度，相比于奥氏体，马氏体短时间内便可以完成配分，这是由于两者扩散系数不同所造成的。

根据 E. J. Seo 等人[120]对碳配分过程的研究，Mn 在配分过程中存在短程扩散，扩散距离小于 10nm，对于极细薄膜状残余奥氏体的稳定起到一定作用。本研究中，Mn 元素在不同时间下的扩散情况如图 2-11 所示。不论是奥氏体还是马氏体，Mn 元素只在界面处存在短程配分，靠近奥氏体一侧（见图 2-11（a））出现 Mn 的富集，同时马氏体一侧（见图 2-11（b））Mn 含量明显下降；在固定界面的假设下，虽然存在 Mn 的配分，但 Mn 在两相中的扩散速度较慢，扩散距离极短，例如 600s 时，Mn 在奥氏体中的扩散距离不足 1nm，因此在本成分中，Mn 配分可以忽略不计。

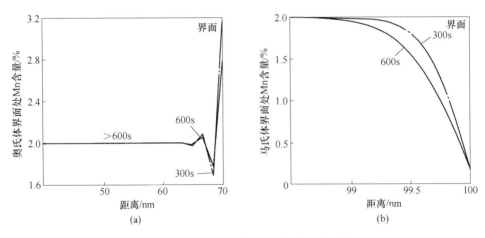

图 2-11　界面处 Mn 含量随时间的变化曲线

（a）奥氏体界面；（b）马氏体界面

2.3.2　迁移界面模拟

本节对 Fe-0.2C-2Mn 三元系统进行迁移界面条件下的配分动力学模拟，假设马氏体和奥氏体均为板条状，模拟一维扩散。采用的材料数据库为 TCFE9，迁移率数据库为 MOBFE4。由于配分时间受板条尺寸的影响很大，为了方便与 M. J. Santofimia 的研究结果[36,37]进行对比，板条尺寸的选择与其一致，即马氏体板条尺寸为 0.3μm，奥氏体板条尺寸为 0.14μm。图 2-12 所示为迁移界面模拟模型。

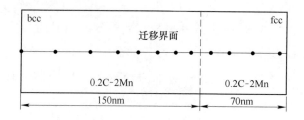

图 2-12 迁移界面模拟模型

图 2-13（a）所示为该模拟条件下马氏体-奥氏体界面的迁移情况。由图可以看出相界面的确发生了短距离迁移，配分的初始阶段，界面向奥氏体一侧移动，最终马氏体-奥氏体界面到达稳定的位置，总体而言相界面迁移距离很短，约 0.2nm。图 2-13（b）、（c）分别是奥氏体和马氏体两相中碳浓度的变化情况。由图可以看出碳的扩散速度依然很快，在马氏体中 1s 时即达到了平衡状态，此时奥氏体中的碳浓度并未均匀。从图 2-13（d）的碳化学势可以看出，相同时间下碳在马氏体中化学势远高于在奥氏体中的化学势，正是由于碳在两相中的化学势梯度为碳的配分提供了驱动力。与此同时，在界面迁移情况下对 Mn 元素扩散进行计算，不同时间下 Mn 的扩散情况如图 2-14

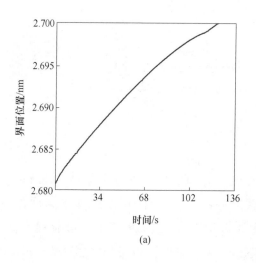

(a)

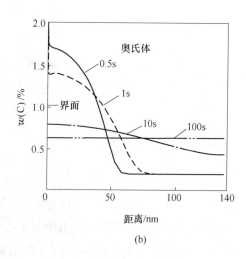

(b)

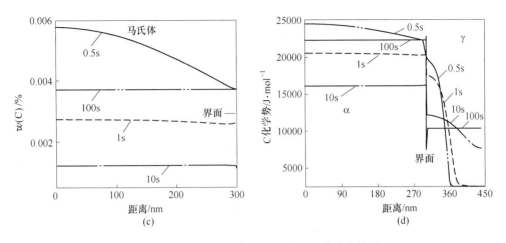

图 2-13 马氏体-奥氏体界面迁移及元素分布情况

（a）界面迁移情况；（b）奥氏体中碳浓度变化；（c）马氏体中碳浓度变化；（d）各相中碳化学势变化

所示。可见 Mn 元素只在界面处存在约为 1nm 的短程配分，与固定界面模拟情况相同，因此 Mn 配分可以忽略不计。

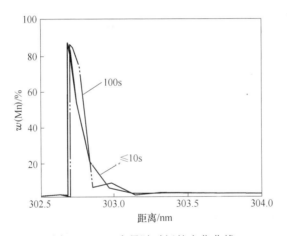

图 2-14 Mn 含量随时间的变化曲线

2.4 本章小结

基于热力学模拟软件 Therrmo-Calc 和动力学模拟软件 Dictra，本章对传统低碳 Q&P 钢的热力学特性进行了计算和分析，随后模拟了固定界面和迁移界面下的配分动力学，所获得的一些重要结论如下：

（1）对于传统 TRIP 成分类型 Q&P 钢而言，配分前奥氏体中的元素含量主要取决于退火后的相比例，即退火温度的选择决定了配分前奥氏体的元素状态。而对于含微合金元素的 Q&P 钢而言，微合金碳化物析出需要在析出强化与弱化配分效果之间获得平衡，即需要考虑微合金碳化物析出情况下的有效可配分碳含量。

（2）低碳 Q&P 钢中无碳化物贝氏体的析出会对最终碳配分效果产生重要影响，T_0 线的计算可在一定程度上评估贝氏体相变对碳配分的贡献，从而为配分段等温贝氏体相变的调控提供依据。

（3）配分后的残余奥氏体含量很大程度上依赖于淬火温度的选择，从而衍生出最佳淬火温度的计算。此外，通过退火温度调控奥氏体化程度，可实现对奥氏体中碳含量的控制，进而实现对最佳淬火温度的调控。

（4）动力学模拟计算中，马氏体中的碳能够在很短时间内完全配分出去，但相应奥氏体中的碳含量需要较长的时间才能实现均匀化。另外，配分段 Mn 等置换元素的扩散距离很短，只能影响很小的范围，其影响可以忽略不计。

3 Q&P 钢相变行为与高温变形研究

对于 Q&P 钢而言，调控产品力学性能的关键在于精确控制热处理过程中的相变行为。为了对 Q&P 钢的整体相变行为有全面的了解，本章采用热膨胀法测定典型 Q&P 成分实验钢的基本相变点及连续冷却转变（Continuous cooling transforming, CCT）曲线，并在此基础上进行典型 Q&P 工艺的模拟。另外，对于热轧 Q&P 钢而言，其高温热轧过程中的组织变化受到热与力的耦合作用，该过程中的组织状态直接影响后续淬火配分参数的选择。本章利用热力模拟实验机对典型 Q&P 钢的高温变形行为（包括静态再结晶和动态再结晶）进行模拟与分析，从而为实际热轧过程的工艺参数选择提供可靠指导。

3.1 实验材料与方法

3.1.1 合金成分与试样制备

基本相变行为及工艺模拟采用的实验钢种为 3-1 号，其化学成分见表 3-1。具体热轧工艺如下：首先将实验钢锻坯在 1200℃ 的加热炉中保温 4h，然后利用 φ450 热轧可逆式轧机进行 7 道次可逆轧制，开轧温度为 1140℃，终轧温度为 1000℃，之后将热轧板放到石英棉中缓慢冷却到室温，热轧工艺和组织形貌如图 3-1 所示，组织由铁素体、马氏体和少量的贝氏体组成。

高温变形行为采用的实验钢种为 3-2 号，具体热轧工艺为：首先将实验钢锻坯在 1200℃ 的加热炉中保温 4h，保温结束后采用 φ450 热轧可逆轧机经 4 道次轧制为 14mm 厚，开轧温度为 1150℃，终轧温度为 950°C，空冷到室温后得到铁素体与马氏体组织。

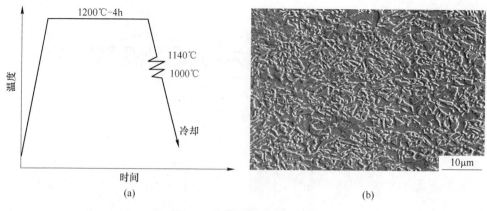

图 3-1 热轧工艺流程与组织

（a）热轧工艺流程；（b）热轧组织二次电子像

表 3-1 实验钢的合金成分（质量分数） （%）

典型钢种	C	Mn	Si	Al	Ni	Cu	Nb+Ti
3-1 号	0.2	2.03	0.89	1.1	0.5	1.5	≤0.1
3-2 号	0.21	2.2	1.64	0.046	—	—	≤0.1

Q&P 钢基本相变行为测定实验
（3.2 节）是用锯床在 3-1 号钢上截取
10mm×10mm 的热轧板，在心部位置制
备静态相变仪试样，具体尺寸为：
ϕ3mm×10mm 的圆柱体，且在圆柱体的
一个底面有 ϕ2mm×2mm 的小孔，圆柱
体的长轴方向与热轧方向相同，如图 3-2
所示。高温变形实验（3.3 节）是在
3-2 号热轧钢板上沿垂直轧制方向截取
热模拟试样，热模拟试样尺寸为 ϕ8mm
×15mm 的圆柱。

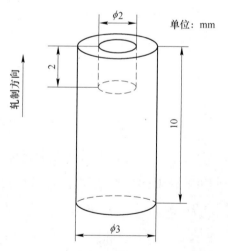

图 3-2 静态相变仪试样尺寸（3-1 号钢）

3.1.2 基本相变点与 CCT 曲线测定工艺

在加热和冷却过程中，钢铁试样长度的变化是由两部分叠加而成的，具

体见式（3-1）[121]。

$$\Delta L = \Delta L_{热} + \Delta L_{相} \tag{3-1}$$

式中　$\Delta L_{热}$——试样由于热胀冷缩引起的长度变化；

　　　$\Delta L_{相}$——试样由于相变体积效应引起的长度变化；

　　　ΔL——试样由热胀冷缩和相变体积效应共同引起的长度变化。

钢中不同的相具有不同的热膨胀率，当钢中未发生相变时，试样长度的变化主要是由热胀冷缩引起的，当相变发生时，由于生成的新相与母相膨胀率不同，在相变发生处，实验钢膨胀量-温度曲线会发生拐折，拐折处即为相变点。

采用 Formastor-F Ⅱ 型全自动相变仪对实验钢的相变点及 CCT 曲线进行测定，相变点的测定工艺如图 3-3 所示，CCT 曲线的测定工艺如图 3-4 所示。图 3-3（a）为静态 A_{c_1}、A_{c_3} 转变点的测定工艺，首先将试样快速加热到 500℃，加热速率为 10℃/s；然后将试样缓慢加热到 950℃，加热速率为 0.05℃/s，然后等温 60s 使组织完全奥氏体化；等温结束后将试样快速冷却到室温，冷却速率为 10℃/s。图 3-3（b）为静态 A_{r_1}、A_{r_3} 转变点的测定工艺，首先将试样快速加热到 950℃，加热速率为 10℃/s，等温 60s，等温结束后以 0.05℃/s 的冷却速率将试样缓慢冷却到 500℃，最后以 10℃/s 的冷却速率将试样快速冷却到室温。静态 CCT 曲线测定过程中首先将试样以 10℃/s 的加热速率快速加

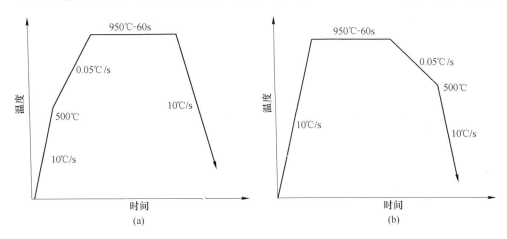

图 3-3　静态相变点测定工艺（3-1 号钢）

（a）A_{c_1} 和 A_{c_3} 相变点测定工艺；（b）A_{r_1} 和 A_{r_3} 相变点测定工艺

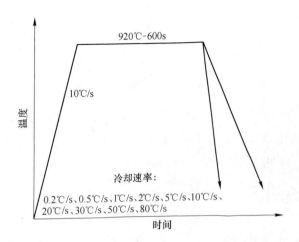

图 3-4 静态 CCT 曲线的测定工艺（3-1 号钢）

热到 920℃并保温 600s，获得全奥氏体组织，然后分别以 0.2~80.0℃/s 的冷却速率将试样冷却到室温。测定试样连续冷却过程的温度-膨胀曲线和时间-温度曲线，绘制实验钢静态 CCT 曲线。

3.1.3 高温变形实验原理与方法

热塑性加工变形过程是加工硬化和回复、再结晶软化过程的矛盾统一。在再结晶温度以上热变形过程中发生的再结晶称为动态再结晶，热变形后靠金属余温发生的再结晶称为静态再结晶。与热变形各道次之间以及变形完毕后加热和冷却时所发生的静态再结晶相比，动态再结晶要达到临界变形量并且在较高的变形温度下才能发生，并且动态再结晶转变为静态再结晶时无需孕育期。本节利用热力模拟实验机对典型 Q&P 钢的高温变形行为（包括静态再结晶和动态再结晶）进行模拟与分析，设计了两种不同的实验方案，具体实验参数如下：

（1）单道次压缩实验（研究动态再结晶行为）。将试样快速加热到 1200℃，加热速率为 20℃/s，保温 180s，随后将试样以 10℃/s 的冷却速率分别冷却到 1000℃、1050℃、1100℃、1150℃并保温 30s，使其温度均匀化，随后再分别以 0.01s^{-1}、0.1s^{-1}、0.5s^{-1}、1s^{-1}、5s^{-1} 的应变速率进行压缩实验，应变总量为 0.7，最后水冷淬火至室温，具体工艺如图 3-5（a）所示。

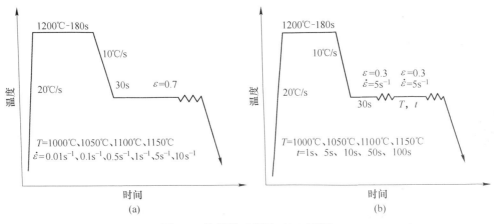

（2）双道次压缩实验（研究静态再结晶行为）。将实验钢试样以 20℃/s 的加热速率升温到 1200℃ 保温 180s，然后以 10℃/s 的冷却速率分别降温到 1000℃、1050℃、1100℃、1150℃ 并保温 30s，使其温度均匀化；随后对试样进行第一次道次压缩，应变速率为 $5s^{-1}$，应变总量为 0.3；第一次压缩结束后分别保温 1s、5s、10s、50s、100s，然后进行第二道次压缩，应变速率同样为 $5s^{-1}$，应变总量为 0.5。具体工艺如图 3-5（b）所示。

图 3-5　热模拟工艺图（3-2 号钢）

（a）单道次压缩实验；（b）双道次压缩实验

3.2　基本相变行为测定结果与分析

3.2.1　基本相变点的测定

实验钢 A_{c_1}、A_{c_3} 以及 A_{r_1}、A_{r_3} 相变点的测定结果如图 3-6 所示。从图 3-6（a）可以看出 A_{c_1} 转变点温度为 670℃，A_{c_3} 转变点温度为 887℃。从图 3-6（b）可以看出 A_{r_1} 转变点温度为 512℃，A_{r_3} 转变点温度为 748℃。

3.2.2　静态 CCT 曲线

不同冷速下试样的 EPMA 二次电子形貌像如图 3-7 所示。在低冷速下，由于冷却速率较小，因此相变行为较为充分，最终得到的微观组织为铁素体和马氏体的混合组织。图 3-7（a）为 0.2℃/s 冷速的静态相变仪试样在探针下的二次电子形貌像，组织中凹陷状区域为临界区铁素体，浮凸状区域为马

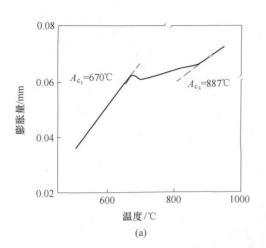
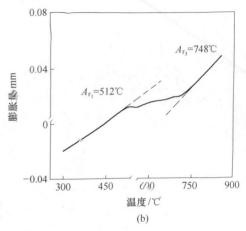

(a)   (b)

图 3-6   静态相变点测定结果（3-1 号钢）

（a） A_{c_1}、A_{c_3} 的测定结果；（b） A_{r_1}、A_{r_3} 的测定结果

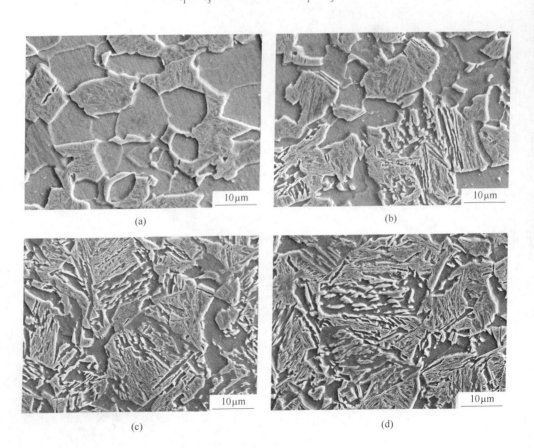

(a)   (b)

(c)   (d)

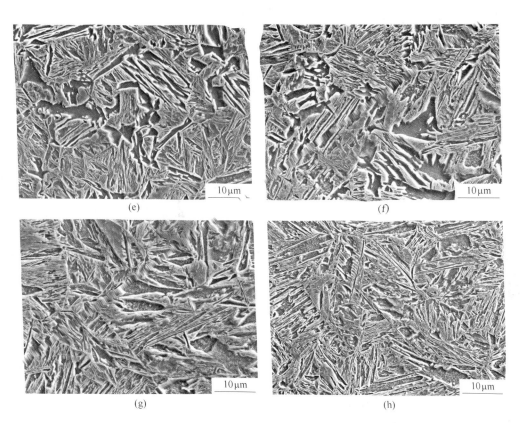

图 3-7　不同冷速下的微观组织（3-1 号钢）

（a）0.2℃/s；（b）0.5℃/s；（c）1℃/s；（d）2℃/s；

（e）5℃/s；（f）10℃/s；（g）20℃/s；（h）30℃/s

氏体，由于冷却速率较小，因此马氏体板条不太明显。图 3-7（b）为 0.5℃/s 冷速的试样在探针下的二次电子形貌像，此时组织中除了铁素体和马氏体，还出现了贝氏体组织，在配分阶段贝氏体铁素体长大，将块状奥氏体分割成细小的马奥岛组织。

　　试样在 0.5℃/s、1℃/s、2℃/s 和 5℃/s 冷速下得到的组织均为铁素体、马氏体和贝氏体的混合组织。随着冷速的提高，组织中马氏体含量逐渐增加，贝氏体的含量先增后降。当冷速为 10℃/s 时组织中的铁素体与贝氏体的含量急剧减少，由于冷速较大，大量奥氏体在淬火过程中相变成马氏体，实验钢主要以马氏体组织为主。当冷却速率提升到 20℃/s 以上时，实验钢的微观组织转为全马氏体组织。在实际热处理过程中为了得到具有较高强度的全马氏体组织，需要采用大于 20℃/s 的临界冷速进行淬火。

不同冷速下各个试样的膨胀量-温度曲线如图 3-8 所示，利用切线法测定不同冷速下各试样相变点转变温度，结合组织的二次电子形貌像，最终确定不同冷速下各个试样的相变区间，综合以上所有的相变信息，绘制 CCT 曲线，如图 3-9 所示。

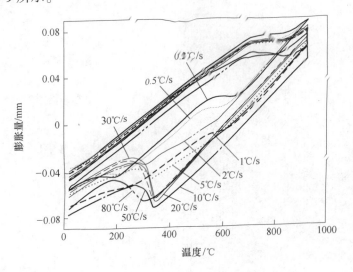

图 3-8　不同冷速下的膨胀量-温度曲线（3-1 号钢）

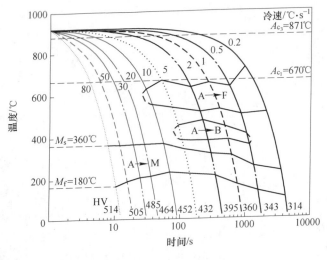

图 3-9　静态 CCT 曲线（3-1 号钢）

由 CCT 曲线可知，实验钢马氏体相变区间为 180~360℃，因此 Q&P 工艺中的淬火工艺窗口应选择在 180~360℃ 之间。由图 3-9 还可知，贝氏体与铁素体的临界转变冷速分别为 5℃/s 和 10℃/s 左右。此外实验钢的淬透性较好，在 0.2℃/s 的冷速下奥氏体仍会发生马氏体相变。在淬火实验中，淬火冷速应提高到 20℃/s 以上以避免铁素体与贝氏体相变，从而获得单一的马氏体组织提高钢板强度。

3.2.3 典型 Q&P 工艺的静态相变模拟

2.2 节中计算了淬火配分过程中最佳淬火温度，可以看出淬火温度的选择对组织中一次马氏体与残余奥氏体的含量有着重要的影响。本节主要探究淬火温度对热轧态实验钢在淬火配分过程中组织演变的影响。实验设计时，淬火温度区间主要分为三阶段：M_s 点以上，M_s~M_f 点之间以及 M_f 点以下，具体工艺路线如图 3-10 所示。

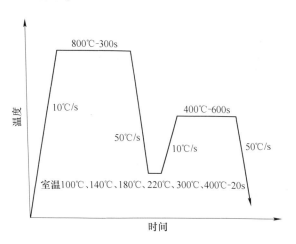

图 3-10 实验钢淬火配分处理工艺

热处理时，首先将相变仪试样加热到 800℃，加热速率为 10℃/s，等温 300s，然后将试样分别淬火到室温 100℃、140℃、180℃、220℃、300℃、400℃，冷却速率为 50℃/s，等温 20s，随后将试样加热到 400℃，加热速率仍为 10℃/s，等温 600s，模拟 Q&P 工艺的配分过程。所有试样最后均以 50℃/s 的冷却速率快速冷却到室温。当淬火温度和配分温度均为 400℃ 时，试样保温时间仍为 600s。

不同淬火工艺试样的二次电子形貌像如图 3-11 所示。图 3-11（a）、（b）为试样淬火到 M_f 点以下某一温度的二次电子形貌像。其中凹陷的组织为临界区铁素体，表面凸起且有明显回火痕迹的组织为马氏体。由于前两组的淬火温度较低，过冷度较大，马氏体的相变驱动力较大，因此马氏体相变较为充分，最终组织中的马氏体晶粒尺寸较为粗大。此外在两组淬火工艺组织中都有少量的贝氏体存在。在临界区退火时，铁素体中的 C、Mn 元素会向奥氏体中进行扩散配分，奥氏体的合金浓度增加，稳定性随之增加，M_s 点大幅度降低，甚至达到室温以下，在一次淬火过程中并不发生相变。而在后续的等温过程中，随着等温时间的不断延长，贝氏体铁素体不断长大，将原来未发生相变的块状奥氏体分割成细小条状的马奥岛组织，均匀地分布在铁素体基体上。

图 3-11（c）、（d）是实验钢在临界区退火等温后淬火到马氏体转变开始点与马氏体转变结束点之间某一温度，随后提温到 400℃ 进行等温配分，最后淬火到室温后得到的电子探针组织形貌图。此热处理工艺为 Q&P 钢的常规工艺，得到组织为铁素体、贝氏体、回火马氏体、新鲜马氏体（Fresh Martensite，FM）与残余奥氏体的混合组织。表面凹凸不平且有回火痕迹的组织为一次淬火马氏体，也称回火马氏体（Tempered Martensite，TM）。随着淬火温度提高，组织中马氏体逐渐由原来体积较大的块状组织转变成细小条状的马奥岛组织，组织中贝氏体含量逐渐增加，贝氏体铁素体也不断长大，将原来稳定性较差的块状奥氏体逐渐分割成稳定性更高的细小板条状马奥岛组织。

图 3-11（e）、（f）为试样在临界区 800℃ 退火后淬火到 M_s 点以上某一温度，随后在 400℃ 进行配分，最终冷却到室温对应的探针下二次电子形貌像。由于这两组工艺的淬火温度较高，大量奥氏体在一次淬火过程中不发生马氏体相变，因而生成的一次马氏体含量较少，在后续等温过程中未转变奥氏体的富碳效果较差，稳定性较低的奥氏体在二次淬火过程发生马氏体相变，生成大量新鲜马氏体。

淬火温度为 140℃ 和 400℃ 两组淬火工艺的面扫结果如图 3-12 所示。对照淬火组织的二次电子形貌像，从淬火工艺的 C 元素分布图中可以看出，以深色为基底的凹陷相为铁素体，以浅色为基底的浮凸相为一次淬火马氏体或者

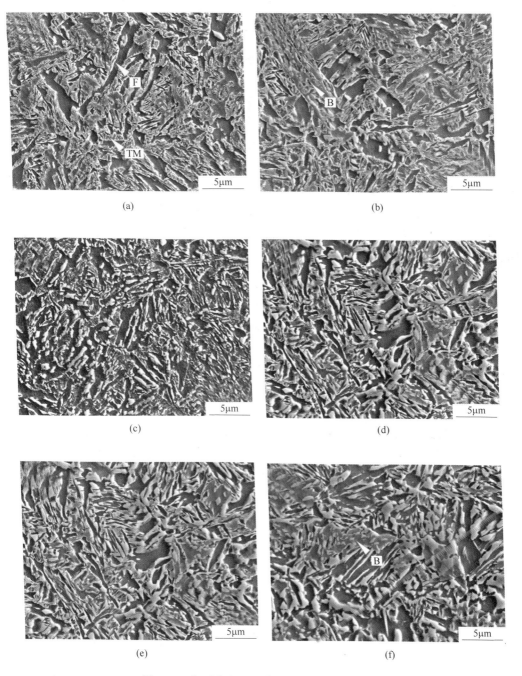

图 3-11　典型淬火温度下的微观组织（3-1 号钢）

（a）室温；（b）100℃；（c）140℃；（d）220℃；（e）300℃；（f）400℃

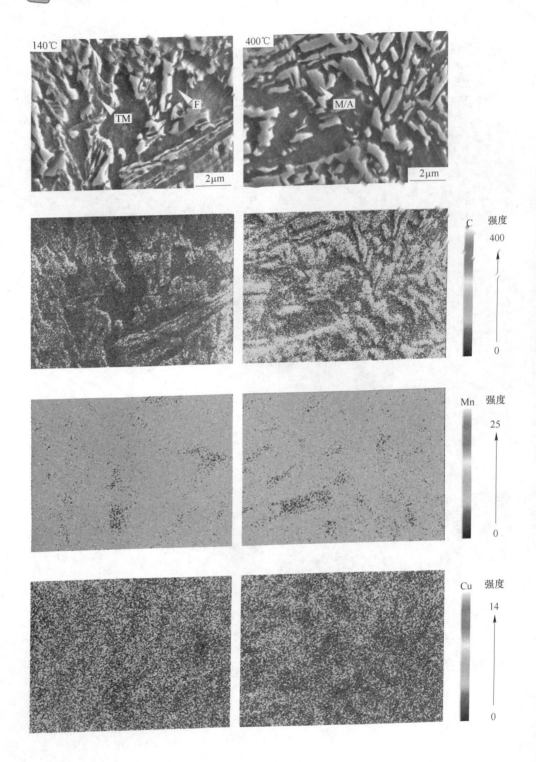

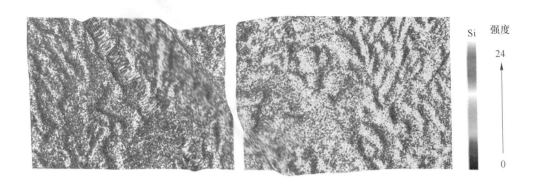

图 3-12 不同淬火温度组织中的元素分布

新鲜马氏体与残余奥氏体的混合组织。从淬火温度为 140℃ 面扫组织图中可以看出，回火马氏体中的 C 元素浓度明显高于周围临界区铁素体中 C 元素浓度，此外回火马氏体晶界边缘位置的 C 元素浓度也明显高于中心位置的 C 元素浓度，这主要是由于实验钢在临界区退火等温时，面心立方结构的奥氏体与体心立方结构的铁素体对碳原子的溶解能力不同，铁素体中的碳会向奥氏体中进行扩散配分，但由于奥氏体含碳量较高，铁素体中的碳原子一旦扩散到奥氏体中，扩散速率会明显降低，导致最终奥氏体晶界处的碳元素含量较高，而心部位置的碳元素相对于晶界处含量较低。在随后的淬火过程中，原奥晶粒心部含碳量较低稳定性较差的奥氏体相变成马氏体，经过后续回火最终形成回火马氏体组织，而原奥晶粒晶界处奥氏体由于含碳量较高，稳定性更好，在一次淬火过程中并不发生转变，并且在配分过程中经过二次富碳，稳定性进一步提升，最终稳定地保留到室温。

此外从两组不同淬火工艺的组织形貌图还可以看出，组织中马奥岛的形态大致分为两种：一种体积较大，呈块状分布；另一种体积较小，呈类似于小岛形状杂乱地分布在铁素体基体上，这种马奥岛的形成与贝氏体铁素体长大有关。从两组淬火工艺的 Mn、Cu 元素分布图可以看出，马氏体基体的 Mn、Cu 元素浓度明显高于铁素体基体的 Mn、Cu 元素，在临界区退火时，铁素体中的 Mn、Cu 元素会向相邻奥氏体进行扩散配分，在后续淬火过程中，奥氏体相变成马氏体，因此组织中马氏体基体的 Mn、Cu 元素浓度会明显高于临近铁素体的 Mn、Cu 元素浓度。

3.3 高温变形与静态软化行为

3.3.1 动态再结晶行为研究

对于 Q&P 钢而言，在再结晶前后组织和性能都会发生显著的变化，对后续淬火配分参数的选择有十分重要的影响。在塑性变形过程中，随着变形程度的增加，实验钢晶粒的晶格会不断发生畸变，晶位内位错密度不断升高，位错与位错之间的相互作用不断加强，实验钢的变形抗力不断升高。但是变形抗力并不是随着变形程度的增加而不断增加的，在较高的形变温度下，随着变形程度的增加，变形过程中的位错会通过滑移与攀移的方式相互抵消，使变形抗力保持不变或略微下降。此外，随着变形程度的继续增加，钢板内畸变能继续升高，到达一定程度后发生动态再结晶，再结晶后晶粒内位错密度快速下降，变形抗力也随之迅速降低。

图 3-13 为 3-2 号实验钢在形变温度恒定、不同应变速率下的真应力-真应变曲线。当形变温度为 1000℃时且应变速率大于或等于 $1s^{-1}$ 时，应力值随着应变的增加而逐渐增加，曲线总体呈连续上升趋势，此时动态再结晶并未发生；而应变速率小于或等于 $0.1s^{-1}$ 时，随着应变的逐渐增加，可以观察到试样真应力达到峰值之后发生了明显的软化下降，即试样发生了动态回复与再结晶行为。当形变温度为 1050℃时，实验结果与 1000℃时类似。当形变温度上升到 1100℃和 1150℃时，随着应变的逐渐增加，所有试样的真应力达到峰值以后都发生了明显的软化下降，即试样都发生了动态再结晶。进一步观察还可以发现，随着应变速率的增加，试样的应力峰值也随之增加，这主要是因为应变速率较大时，试样没有足够的时间进行回复与再结晶，即应力峰值软化的时间不够充分，最终试样的应力峰值较大。

应变速率恒定、不同形变温度下实验钢 3-2 号的真应力-真应变曲线如图 3-14 所示。应变速率为 $0.1s^{-1}$ 时，试样在不同形变温度下都发生了明显的应力峰值软化现象，这主要是因为应变速率较慢，试样动态回复与再结晶时间充足，动态再结晶行为较为明显。当应变速率分别为 $1s^{-1}$、$5s^{-1}$ 和 $10s^{-1}$ 时，形变温度低于或等于 1050℃时试样均未发生动态再结晶。此外，形变温度越高，真应力的峰值越低，这主要是因为随着变形温度的升高，原子振动增加，

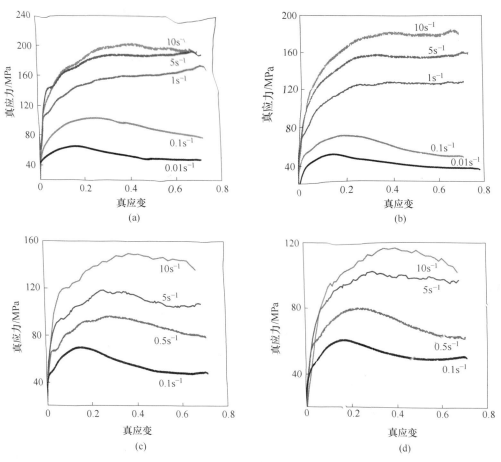

图 3-13　实验钢不同应变速率的真应力-真应变曲线（3-2 号钢）

（a）1000℃；（b）1050℃；（c）1100℃；（d）1150℃

原子间结合力下降，滑移阻力减小，试样的变形抗力随之下降，另一方面，形变温度越高，试样越容易发生动态回复与再结晶，大幅度降低晶粒内位错密度，有效减缓由塑性变形所产生的加工硬化作用。

根据上述不同形变温度下实验钢的真应力-真应变曲线，以及峰值应力对应应变与应变速率的关系，得出动态再结晶开始时间与形变温度之间的关系曲线，即为 RTT 曲线，且动态再结晶的开始温度（R_s）、峰值应力对应的应变（ε_p）和应变速率（$\dot{\varepsilon}$）三者之间的函数关系见式（3-2）。

$$R_s = \varepsilon_p / \dot{\varepsilon} \tag{3-2}$$

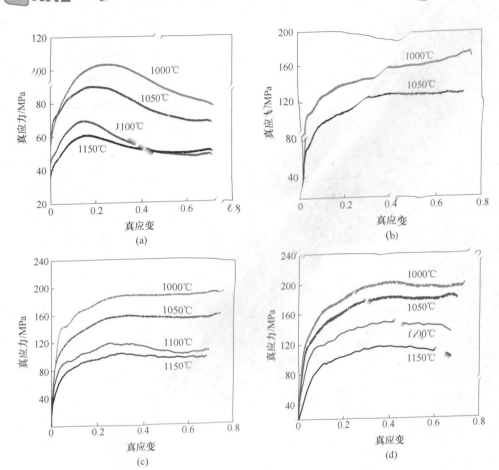

图 3-14 实验钢不同形变温度的真应力-真应变曲线（3-2 号钢）

(a) $0.1s^{-1}$；(b) $1s^{-1}$；(c) $5s^{-1}$；(d) $10s^{-1}$

有关文献指出[122,123]，当应变速率较大时，试样的峰值应变可能会超出实验条件设定范围，因此本书选取低应变速率（$0.1s^{-1}$）的试样绘制其 RTT 曲线。结合相应的真应力-真应变曲线以及式（3-2）计算出应变速率为 $0.1s^{-1}$ 时不同应变温度下试样的动态再结晶开始温度。具体计算结果见表 3-2，具体的实验钢 RTT 曲线如图 3-15 所示。不添加合金元素的普通 C-Mn 钢的 RTT 曲线大体呈直线形状，随着形变温度的降低，试样的再结晶行为发生缓慢，再结晶时间也随之延长；而对于微合金化的 C-Mn 钢，由于合金元素的固溶以及与钢中 C、N 元素生成碳氮化物抑制了动态再结晶的发生，促使再结晶时间进一步被延长，使得 RTT 曲线不再呈直线形状。

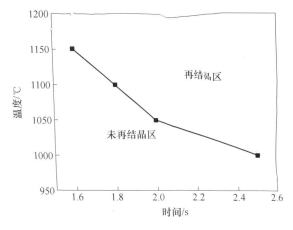

表 3-2　不同温度下的再结晶开始时间（$\dot{\varepsilon}=0.1s^{-1}$）

$T/^\circ C$	1000	1050	1100	1150	1000
ε_p	0.26	0.21	0.17	0.15	0.26
R_s/s	2.6	2.1	1.7	1.5	2.6

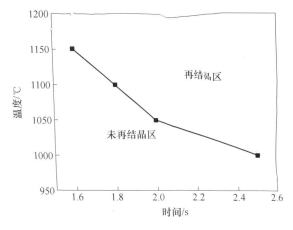

图 3-15　RTT 曲线（3-2 号钢）

　　如表 3-2 所示，当形变温度为 1000℃时，实验钢发生动态再结晶所需时间为 2.6s，而当温度为 1150℃时，动态再结晶所需时间仅为 1.5s，可见高温大幅度促进了再结晶进程。从图 3-15 可以看出，当应变速率恒定时，形变温度越高，动态再结晶孕育期越短，动态再结晶发生越迅速，即动态再结晶的开始时间提前。

3.3.2　静态再结晶行为测定

　　在高温变形过程中，轧制间隔期间往往会发生静态再结晶，使材料组织发生软化，变形抗力降低。本书采用修正的间歇变形法测定静态再结晶行为[124]，并计算静态软化率 X_S（见式（3-3））。

$$X_S = \frac{\sigma_m - \sigma_r}{\sigma_m - \sigma_0} \tag{3-3}$$

式中，σ_m 表示卸载时的应力；σ_0 表示变形初始阶段的屈服应力；σ_r 表示重新加载时的屈服应力。

当 $X_S = 1$ 时，试样的静态再结晶带来的软化行为与加工硬化相互抵消，奥氏体静态再结晶完全；当 $0 < X_S < 1$ 时，静态再结晶带来的软化行为仅能部分抵消加工硬化；当 $X_S = 0$ 时，试样不发生静态再结晶。通常以 $X_S = 0.9$ 代表试样充分静态再结晶，$X_S = 0.15$ 代表静态再结晶行为开始发生。如图 3-16 所示，随着形变温度的升高，试样静态再结晶行为越来越明显，当形变温度达到 1100℃ 以上时，试样在 50s 时就可以完全再结晶。

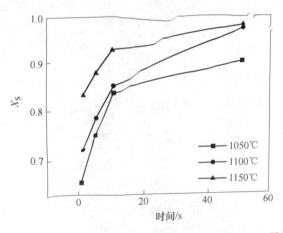

图 3-16　不同形变温度下实验钢的静态软化率曲线（3-2 号钢）

3.4　本章小结

本章详细介绍了利用膨胀法测定淬火配分钢基本相变点的原理和方法，并在此基础上对典型钢种的连续冷却曲线及不同淬火温度下的 Q&P 工艺进行了小试样模拟及分析。针对 Q&P 钢的高温变形行为，本章利用热力模拟实验机从动态再结晶、静态再结晶两个方面进行了深入研究，所获得的结果如下：

（1）利用膨胀法测定实验钢基本相变温度及连续冷却转变曲线，确定实际淬火配分工艺的临界冷速及淬火温度范围，从而实现对最终相变特性和显微结构的精确调控。

（2）利用膨胀仪进行淬火配分工艺模拟，通过膨胀量反应实时相变特性，为最终热处理工艺参数的制定提供基础。对典型钢种进行不同淬火温度的临界区 Q&P 处理，结果显示，铁素体排碳造成的奥氏体碳分布不均匀性呈现内部贫碳外侧富碳特征，因此高淬火温度的一次马氏体优先在奥氏体内部生成，并随着淬火温度的下降逐渐向外侧扩展。最终组织中还有配分段生成的无碳化物贝氏体和最终淬火生成的二次马氏体。

（3）利用热力模拟实验机进行单道次压缩实验测定奥氏体的高温动态再结晶行为，进一步绘制 RTT 曲线评价实验钢的动态再结晶能力，并通过建立相应模型来计算再结晶激活能和预测动态再结晶行为。结果显示，高变形温度、低应变速率条件下最容易发生动态再结晶，且相同应变速率下，加热温度越高，动态再结晶的孕育时间越短。

（4）利用双道次压缩实验测定奥氏体的高温静态再结晶行为，并通过补偿法计算静态软化率，在此基础上分析了实验钢的静态软化行为。结果显示，随着变形温度的增加，静态再结晶能力越来越强，完全再结晶的时间逐渐缩短。对于典型实验钢而言，1100℃以上 50s 就能完全再结晶。

4 Q&P 钢热轧工艺与组织性能研究

作为兼具高强度和高塑性的 Q&P 钢，其热轧板基体组织一方面影响之后冷轧产品的组织与力学性能，另一方面也受热轧卷取机最大负荷的限制，因此需要通过热轧工艺参数的调控实现热轧板基体组织的有效控制，从而为热轧卷取及后续冷轧过程提供必要条件。本章以几种典型 Q&P 钢成分作为研究对象，分别研究卷取温度、终轧温度、热变形+淬火配分工艺和直接淬火配分工艺对热轧组织与性能的影响。

4.1 典型 Q&P 钢的热轧工艺制备

本章所采用的典型 Q&P 钢成分见表 4-1，包括传统含 Si 系 TRIP 成分（简称为 4-1 号钢）、微合金化 Si-Al 系 TRIP 成分（简称为 2-2 号钢）及微合金化 Ni-Si 系 TRIP 成分（简称为 4-3 号钢）。针对以上三种成分，分别研究了卷取温度、终轧温度、热变形+淬火配分工艺和直接淬火配分工艺对热轧 Q&P 钢组织性能的影响。下面分别对其热轧工艺流程进行介绍。

（1）卷取温度调控。以 4-1 号钢与 2-2 号钢为研究对象，用锯床将对应连铸坯锯成横截面为 60mm×60mm、长度为 80mm 的钢锭，随后放入电阻炉中加热到 1200℃后保温 3.5h，确保钢锭完全奥氏体化。保温结束后采用 ϕ450 热轧二辊可逆轧机进行 7 道次轧制，热轧工艺如图 4-1（a）所示，轧制规程见表 4-2。热轧板空冷至不同温度（450℃、550℃、600℃、650℃）后再放入石棉中以模拟卷取过程。

表 4-1 实验钢化学成分（质量分数）　　　　　　　（%）

典型钢种	C	Mn	Si	Al	Ni	V	Nb+Ti
4-1 号钢	0.20	2.0	1.6	0.05	—	—	≤0.1
2-2 号钢	0.20	2.1	1.5	0.81	—	≤0.3	≤0.1
4-3 号钢	0.24	2.0	1.6	0.02	≤2.0	—	≤0.1

表 4-2 实验钢热轧压下规程

工艺参数	铸坯	第一道次	第二道次	第三道次	第四道次	第五道次	第六道次	第七道次
厚度/mm	60.0	39.0	24.0	15.0	10.0	7.0	5.0	4.0
压下率/%	—	35.0	38.4	37.5	33.3	33.3	28.5	20.0

（2）终轧温度调控。以 4-1 号钢与 2-2 号钢为研究对象，将连铸坯用锯床锯成横截面为 60mm×60mm、长度为 80mm 的钢锭，随后放入电阻炉中加热到 1200℃，保温 3.5h，确保钢块温度均匀，保温结束后采用轧机进行不同压下量的 7 道次轧制，轧制规程见表 4-2，其中开轧温度控制在 1150℃，终轧温度分别为 950℃、900℃、850℃、800℃，随后空冷至 650℃并放入石棉中保温以模拟卷取过程，从而研究不同终轧温度对热轧组织与性能的影响。热处理制度如图 4-1（b）所示。

（3）热变形与淬火配分工艺模拟。以 4-3 号钢为主要研究对象，利用线切割在连铸坯上加工出尺寸为 ϕ8mm×15mm 的圆柱形样品，随后采用 MMS-200 型热模拟实验机进行不同热处理工艺的调控，热处理工艺如图 4-1（c）、（d）所示，比较热变形+淬火配分工艺和直接淬火配分工艺在不同温度下组织演变特征与力学性能的变化。

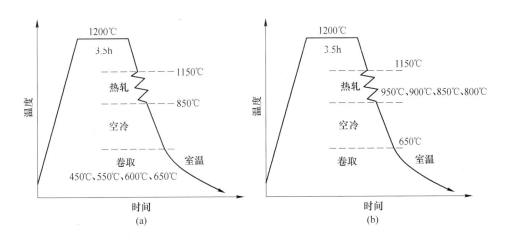

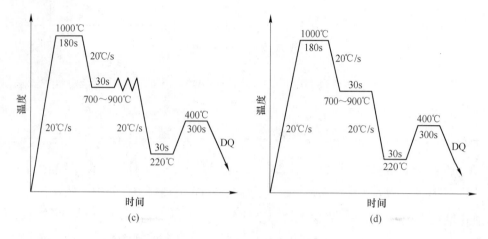

图 4-1 热轧工艺图

（a）卷取温度调控；（b）终轧温度调控；（c）热变形+淬火配分工艺；（d）直接淬火配分工艺

4.2 卷取温度对热轧 Q&P 钢组织性能的影响

4.2.1 典型组织观察与元素分布分析

在常规热轧工艺流程中，卷取过程需要较长的时间以缓慢冷却，最终热轧组织既取决于钢种材料的淬透性，也受卷取温度的影响。以 4-1 号钢为例，不同卷取温度下的电子探针形貌如图 4-2 所示。当卷取温度为 450℃ 时，组织中主要包括铁素体、贝氏体、马氏体和少量残余奥氏体。虽然卷取过程中冷却速度较慢，但由于实验钢具有较好的淬透性，空冷过程中组织里没有珠光体析出，因此在后续缓冷过程中生成大量的贝氏体、马氏体以及部分残余奥氏体。随着卷取温度的上升，临界区铁素体的生成量减少，同时贝氏体含量也因在高温段停留的时间增长而增加，组织中板条状无碳化物贝氏体含量提高。此外，由于贝氏体转变会分割原奥氏体晶粒，减小剩余奥氏体尺寸，最终起到细化马氏体组织的作用。

热轧卷取温度的选择还会影响组织中的合金元素分布。对于微合金化钢种而言，碳化物析出与卷取温度直接相关。利用电子探针的面扫描功能对 2-2 号钢中 Mn 元素分布进行表征，结果如图 4-3 所示。从图可以看出，在 450℃ 卷取时，组织中 Mn 元素的分布较为均匀，并没有发生偏析现象，但组织中

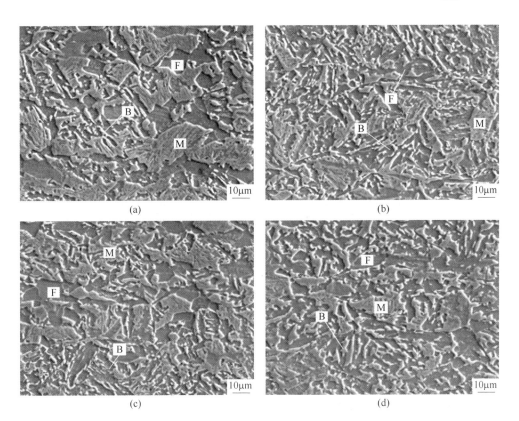

图 4-2 不同卷取温度下的微观组织（4-1 号钢）

（a）450℃；（b）550℃；（c）600℃；（d）650℃

观察到有明显带状组织存在。因此可以推测 Mn 元素偏析并不是该工艺下带状组织的主要成因，带状组织的出现可能是由于热轧后快速冷却，沿轧制方向变形延长的组织没能充分再结晶。

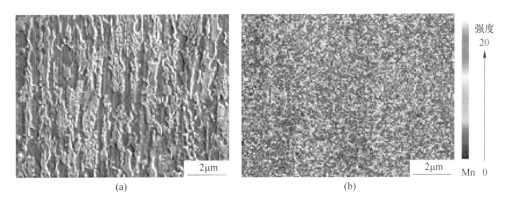

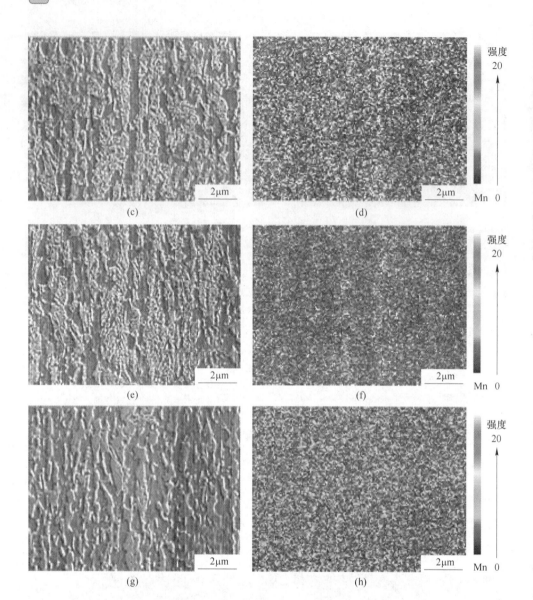

图 4-3 不同卷取温度下的微观组织及 Mn 元素面扫结果 (2-2 号钢)

(a), (b) 450℃; (c), (d) 550℃; (e), (f) 600℃; (g), (h) 650℃

随着卷取温度的升高，在 550℃ 和 600℃ 卷取时，从面扫结果可以看到 Mn 偏析情况较 450℃ 减弱，同时由于回复再结晶的增强，热轧产生的带状组织减弱。卷取温度继续上升，在 650℃ 进行卷取时，基本上不存在 Mn 元素偏析，同时组织发生了充分再结晶，带状组织基本消除。对 650℃ 卷取温度下

2-2 号钢中的微合金碳化物析出进行能谱分析，结果如图 4-4 所示。组织中存在两种碳化物，一种是含 Nb、V、Ti 的微合金复合析出；另一种是只含 Fe、Mn 元素的合金渗碳体。

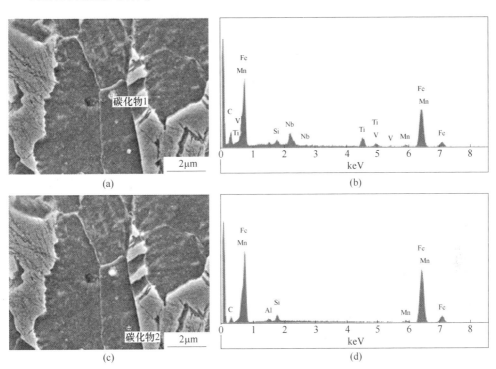

图 4-4　析出物形貌及元素组成（2-2 号钢）

（a）碳化物 1 形貌；（b）碳化物 1 能谱；（c）碳化物 2 形貌；（d）碳化物 2 能谱

4.2.2　典型力学性能与应力-应变曲线分析

以 4-1 号钢为例，不同卷取温度下的拉伸曲线如图 4-5 所示，对应的力学性能统计见表 4-3。从图 4-5 可以看出，不同卷取温度下所得到的力学曲线均属于连续屈服，整体性能呈现高屈服强度、高抗拉强度、高屈强比、高伸长率的特点。当卷取温度为 450℃时，材料同时具有较好的强度与塑性。较高的屈服和抗拉强度主要归结于组织中大量的马氏体，而良好的塑性则是因为组织中还有部分铁素体与残余奥氏体存在，最终材料屈服强度为 744MPa，抗拉强度为 1183MPa，伸长率为 17.2%，具有优异的综合力学性能。随着温度的上升，当卷取温度为 550℃时，由于组织中马氏体含量下降，贝氏体含量上升，因此实验钢屈服强度与抗拉强度同时下降。同时贝氏体含量提高会造成原奥氏体晶粒的细化，进一步提高了伸长率，最终使强塑积提高了约4500MPa%。当卷取温度继续提高到650℃时，抗拉强度保持在1130MPa左右，而屈服强度表现出缓慢下降的趋势，这是由于卷取温度升高后材料发生了充分的回复与再结晶，基体软化导致强度下降。

表 4-3　不同卷取温度实验钢的力学性能

卷取温度/℃	屈服强度/MPa	抗拉强度/MPa	屈强比	伸长率/%	强塑积/MPa%
450	744	1183	0.63	15.2	17982
550	683	1134	0.60	19.8	22453
600	630	1114	0.57	18.5	20609
650	613	1139	0.54	20.2	23008

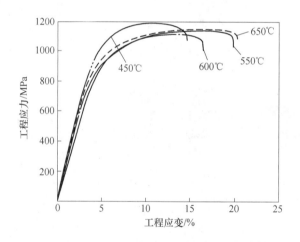

图 4-5　不同卷取温度下的工程应力-应变曲线（4-1 号钢）

4.3　终轧温度对热轧 Q&P 钢组织性能的影响

4.3.1　典型组织观察与元素分布分析

终轧温度的选择对最终热轧组织性能存在很大影响。常规热轧工艺通常包括再结晶区轧制和未再结晶区轧制两部分。在再结晶区施加较大的变形可以促进奥氏体再结晶，防止晶粒粗化；在未再结晶区积累压下量则有助于晶粒内形成变形带，在后续空冷和卷取过程中会促进铁素体相变的发生，实现对最终组织的有效调控。以 4-1 号钢为例，不同终轧温度下对应的组织形貌如图 4-6 所示。当终轧温度较高达到 950℃ 时，热轧变形作为奥氏体再结晶能量被完全消耗，随后在冷却过程中依次发生铁素体相变、贝氏体相变与马氏体相变，同时较高的终轧温度也在一定程度上细化了基体组织。随着终轧温度的降低，铁素体含量不断减少，贝氏体含量明显增加。这是因为铁素体生成会造成周围奥氏体富碳，在后续待温或卷取过程中发生动态配分，最终导致贝氏体量增加。在不同的终轧温度下材料组织尺寸均在 10mm 左右，组织中均不存在珠光体，同时没有观察到明显的带状组织出现，这可能与钢种淬透性较好和卷取温度较高有关。

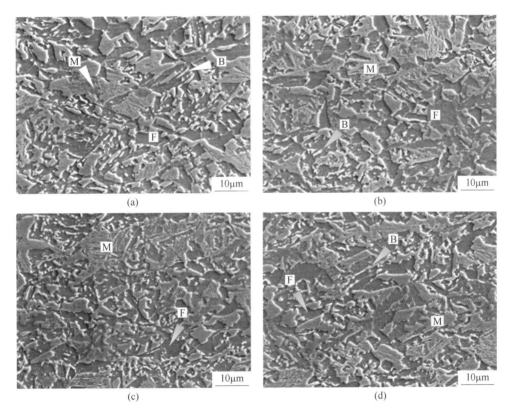

图 4-6　不同终轧温度下的微观组织（4-1 号钢）

（a）800℃；（b）850℃；（c）900℃；（d）950℃

热轧过程中相变的发生通常伴随着元素迁移，从而影响后续的奥氏体稳定性与相变行为。通过线扫描功能对 2-2 号实验钢中铁素体附近区域进行观察，其碳锰元素分布结果如图 4-7 所示。从图可以看出铁素体周围的马氏体中（高亮的马奥岛区域中心）碳元素含量最低，并且在铁素体-马氏体晶界处出现峰值，这说明碳元素发生明显配分。高温下铁素体中的碳向附近的奥氏体扩散，在边缘处形成碳富集，从而在马奥岛与铁素体相界面处出现峰值。最终边缘处富碳的奥氏体在室温下稳定存在，而中心处的贫碳奥氏体转变成马氏体，形成马奥岛结构。同时和碳元素分布情况相比，锰元素配分现象并不明显，这可能是因为较大的置换原子难以扩散。

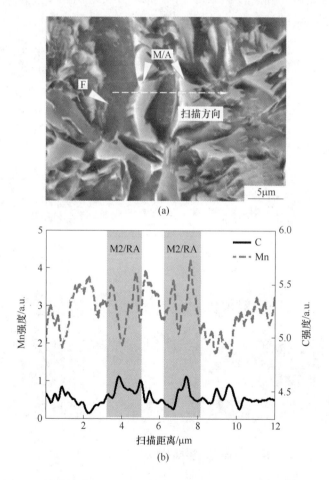

图 4-7　终轧温度 950℃的元素分布线扫描分析（2-2 号实验钢）

（a）二次电子像（虚线代表线扫描位置，箭头指示扫描方向）；（b）元素分析结果此外，利用电子探针面扫描功能对 2-2 号钢的典型区域进行元素分布分析，结果如图 4-8 所示。由图可以看出，铁素体中碳元素分布较少，而奥氏体组织中存在明显碳富集，并且临近铁素体晶界处富碳程度更高，而 Mn 元素在各相中均匀分布。对于 Si 元素来说，铁素体中存在明显的富 Si 现象，同时在临近马奥岛晶界处富 Si 更加明显。

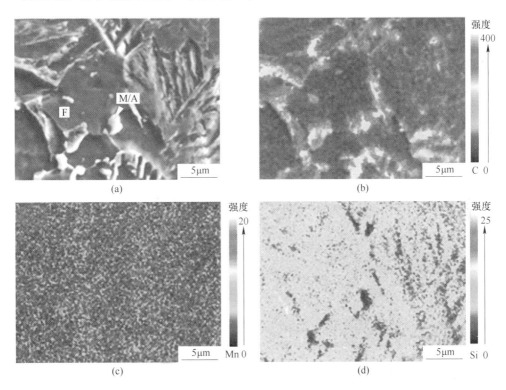

图 4-8   终轧温度 850℃的元素分布（2-2 号钢）

（a）二次电子像；（b）C 元素；（c）Mn 元素；（d）Si 元素

4.3.2　典型力学性能与应力-应变曲线分析

以 4-1 号钢为例，对不同终轧温度下热轧试样的拉伸曲线进行分析，对应的工程应力-工程应变曲线如图 4-9 所示。从图可以明显看出，在不同终轧温度下材料均发生了连续屈服，而且没有观察到明显的屈服平台。材料在不同终轧温度下整体呈现高抗拉、低屈服、低屈强比和高伸长率的特点，具有较好的综合力学性能。不同终轧温度下对应的力学性能数据统计见表 4-4，当终轧温度为 850℃ 时，材料力学性能最佳。此时屈服强度可达 613MPa，抗拉强度为 1139MPa，屈强比为 0.54，伸长率为 20.2%，强塑积为 23008MPa·%。

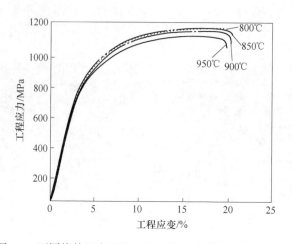

图 4-9　不同终轧温度下的工程应力-应变曲线（4-1 号钢）

表 4-4　不同卷取温度实验钢的力学性能

终轧温度/℃	屈服强度/MPa	抗拉强度/MPa	屈强比	伸长率/%	强塑积/MPa·%
950	594	1109	0.54	19.2	21293
900	628	1156	0.54	19.8	22889
850	613	1139	0.54	20.2	23008
800	609	1150	0.53	19.5	22425

和卷取温度相比，终轧温度对实验钢力学性能的影响较小。随终轧温度的下降，实验钢的抗拉强度和伸长率逐渐上升，实验钢屈服强度在 594~628MPa 之间，抗拉强度为 1109~1156MPa，伸长率为 19.2%~20.2%，强塑积在 21293~23008MPa·% 之间，总体力学性能优异，具有较高的应用价值。

4.4　热变形对热轧 Q&P 钢组织性能的影响

4.4.1　典型组织观察与元素分布分析

以 4-3 号钢为例，热模拟实验结束后将试样进行线切割切成合适尺寸，镶嵌研磨抛光腐蚀后制得金相样品，使用电子探针对不同工艺下得到的组织进行组织观察，并进行元素检测。退火温度为 700℃、800℃、900℃时三种工艺的电子探针组织形貌分别如图 4-10～图 4-12 所示。从图可以看出，不同温度下直接淬火配分工艺的组织均以板条马氏体为主，并且随温度的升高，原奥氏体晶粒逐渐粗化，马氏体晶粒尺寸逐渐增加。在板条马氏体边缘存在着高亮的薄膜状奥氏体。

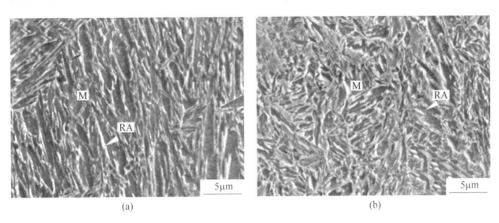

图 4-10 700℃热处理组织形貌（4-3 号钢）

（a）直接淬火配分工艺；（b）热变形+淬火配分工艺

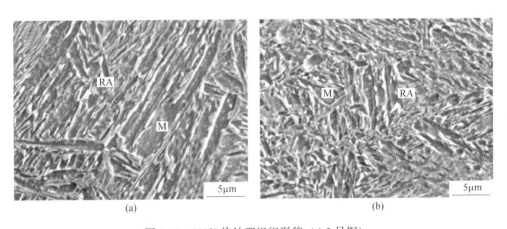

图 4-11 800℃热处理组织形貌（4-3 号钢）

（a）直接淬火配分工艺；（b）热变形+淬火配分工艺

　　和直接淬火配分工艺下得到的组织相比，经过热变形+淬火配分工艺的组织以块状马氏体和薄膜状奥氏体为主。这是由于热变形过程会促进动态再结晶的发生，变形组织中的位错发生交割、缠结，增加了马氏体的形核点，最

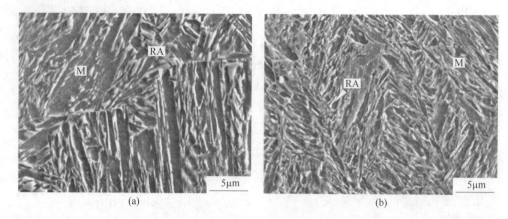

图 4-12 900℃热处理组织形貌（4-3 号钢）

（a）直接淬火配分工艺；（b）热变形+淬火配分工艺

终组织晶粒显著细化。同时在部分马氏体上观察到白色颗粒状组织，推测为 Nb 和 Ti 的碳化物。

随后利用电子探针的面扫描功能对不同工艺条件下 4-3 号钢中元素分布情况进行分析。图 4-13 为直接淬火配分工艺在 900℃时的元素配分情况。从图可以看出，板条马氏体中 C 元素分布较低，周围的薄膜状奥氏体中有大量的 C 富集。Si 元素与 C 元素相反，主要富集在 bcc 结构的马氏体中。Mn 原子由于原子半径较大，难以在 400℃的配分温度下发生迁移，因此没有明显的元素配分现象。在 900℃保温 180s 后，实验钢已经实现了完全奥氏体化，因此在随后的快速淬火过程中发生马氏体相变。在 400℃保温过程中，马氏体中的 C 元素向周围的奥氏体迁移，形成高亮的残余奥氏体，并可以在室温下稳定存在。马氏体组织在形貌图 4-12（a）中为黑色的板条状组织，碳含量较低。残余奥氏体碳含量较高，在图 4-12（a）中显示为亮白色的薄膜状结构。

700℃热变形+淬火配分工艺的元素配分情况如图 4-14 所示。整体组织与直接淬火配分工艺类似，主要以马氏体和残余奥氏体为主。另外，由于大尺寸 Mn 原子需要较长的时间和较高的温度才会发生扩散，因此元素配分现象主要发生在 C 元素和 Si 元素上。C 元素主要分布在残余奥氏体中，Si 元素主要分布在马氏体中。此外，在马氏体板条内部有大量细小条状碳化物的存在，考虑钢种成分与实际热处理工艺，推测该碳化物为配分过程中生成的过渡型碳化物。

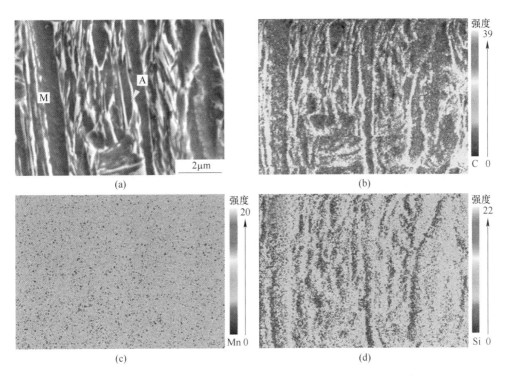

图 4-13　直接淬火配分工艺在 900℃时的元素配分情况（4-3 号钢）

（a）二次电子像；（b）C 元素；（c）Mn 元素；（d）Si 元素

4.4.2　典型硬度结果分析

由于热模拟试样无法进行单轴拉伸实验，因此此处采用宏观硬度检测来反映热变形对 4-3 号钢力学性能造成的影响。检测时，每组试样测定 10 个硬度点，随后取平均值作为最终的硬度测定结果，如图 4-15 所示。从图可以看出，退火温度为 700℃的直接淬火配分工艺下材料硬度达到 428HV，这是由于组织中存在着大量的板条马氏体组织，能够保证材料具有较高的硬度。与之相比，热变形+淬火配分工艺在 700℃保温后硬度显著提升，这说明热变形过程中发生的动态再结晶可以细化整体晶粒尺寸，从而通过细晶强化提高钢的硬度。根据宏观硬度值与抗拉强度的关系，推测此工艺可以得到最高的抗拉强度。从图 4-15 还可以发现，两组工艺的硬度都随温度升高而降低，这可能是由于温度升高导致原奥氏体晶粒粗化从而使硬度略微下降。

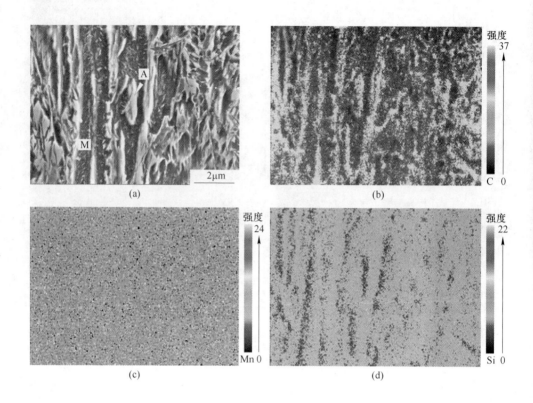

图 4-14　700℃热变形+淬火配分工艺 Q&P 工艺的元素配分情况（4-3 号钢）

（a）二次电子像；（b）Mn 元素；（c）C 元素；（d）Si 元素

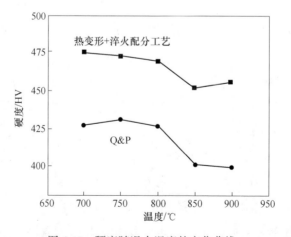

图 4-15　硬度随退火温度的变化曲线

4.5 本章小结

本章以传统含 Si 系 TRIP 成分、微合金化 Si-Al 系 TRIP 成分与微合金化 Ni-Si 系 TRIP 成分为主要研究对象，分别研究了卷取温度、终轧温度、热变形+淬火配分工艺和直接淬火配分工艺对热轧 Q&P 钢组织性能的影响，所获得的主要结论如下：

（1）随着卷取温度的上升，热轧 4-1 号钢在空冷过程中的铁素体生成量减少，贝氏体含量增加。此外，贝氏体转变会分割原奥氏体晶粒，从而起到细化组织的作用。不同卷取温度下所得到的力学曲线均属于连续屈服，并且随着卷取温度的升高，屈服强度与抗拉强度呈下降趋势。

（2）随着终轧温度的降低，热轧 4-1 号钢中铁素体含量不断减少，贝氏体含量明显增加，同时不同终轧温度下组织中均没有明显的带状组织。和卷取温度相比，终轧温度对实验钢力学性能的影响较小。随终轧温度的下降，实验钢的抗拉强度和屈服强度逐渐上升，而伸长率未发生明显变化。

（3）热轧 2-2 号钢中 C 元素分布与相组织有关，铁素体与马氏体中 C 元素分布较低，周围的奥氏体结构存在明显富 C 现象，并且临近铁素体与马氏体界面处存在明显的 C 富集。Mn 等间隙原子的分布与相分布关系较弱，Mn 主要分布在奥氏体（低温转变成马氏体）中，Si 主要分布在铁素体中。

（4）与直接淬火配分工艺相比，4-3 号钢通过热变形+淬火配分工艺下得到的组织发生了明显的动态再结晶，组织显著细化，元素分布更为均匀，硬度大幅提升。由于温度升高会导致晶粒尺寸粗化，因此最终组织硬度下降。

5 冷轧 Q&P 钢的退火组织与性能调控

根据淬火温度与配分温度的关系，Q&P 工艺可分为一步 Q&P 工艺和两步 Q&P 工艺。在实际应用中，具有高强度和良好塑性的 Q&P 钢主要以冷轧产品为主，其优异的力学性能往往取决于热处理工艺参数对整体组织的调控。本章以典型成分 Q&P 钢为主要研究对象，分别探究了一步 Q&P 工艺与两步 Q&P 工艺中退火温度、退火时间、淬火温度、配分时间等热处理参数对实验钢组织演变与最终力学行为的影响。

5.1 一步 Q&P 工艺的参数优化与组织性能调控

5.1.1 实验材料制备与方法

本节主要研究一步 Q&P 工艺（即淬火温度与配分温度相等）中热处理工艺参数对实验钢组织演变特性与最终力学行为特点的影响，对应热处理工艺方案如图 5-1 所示。

探究不同退火温度影响时所采用的实验钢成分见表 4-1 所示，对应热处理流程如图 5-1（a）所示。首先将初始组织为铁素体和珠光体的实验钢冷轧板加热到两相区退火，退火温度分别选择 760℃、770℃、780℃、800℃，退火时间为 240s，之后用低温盐浴炉快速淬火到 380℃进行等温配分，配分时间为 600s，配分完成后将试样水冷到室温获得最终组织。

探究不同退火时间对实验钢组织演变与力学行为的影响时，采用的实验钢种成分见表 3-1，对应热处理工艺如图 5-1（b）所示。首先将实验钢加热到 850℃进行部分奥氏体化退火，等温时间分别为 180s、240s、300s、360s，随后将实验钢淬火到 320℃等温配分 500s 后水冷到室温。

探究不同配分时间对实验钢组织演变与力学行为的影响时，采用的实验钢种成分同样见表 3-1，对应热处理工艺如图 5-1（c）所示。首先将实验钢加

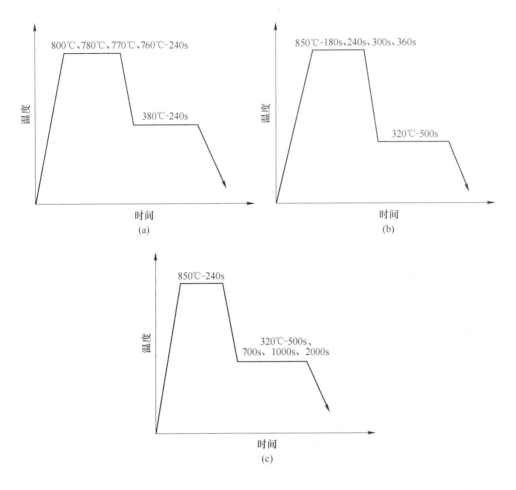

图 5-1　热处理工艺

（a）退火温度；（b）退火时间；（c）配分时间

热到临界区 850℃等温 240s，随后将实验钢快速冷却至 320℃进行不同时间的等温配分，最后水冷至室温。另外，为了对最终经 Q&P 处理后组织中的残余奥氏体含量及相应碳含量进行定量分析，本章基于 XRD 检测结果（X 射线各衍射峰所代表的晶面指数如图 5-2 所示）进行了相应的计算和分析，具体计算方法如下：

（1）将实验测定的衍射峰结果与表 5-1 所示的奥氏体和铁素体的 X 射线（CuKα 射线）衍射标准 PDF 卡片进行对照，确定各衍射峰所代表的晶面指数以便于计算实验钢中的奥氏体含量。

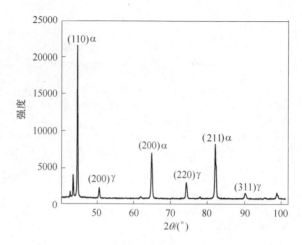

图 5-2 X 射线各衍射峰所代表的晶面指数

表 5-1 奥氏体和铁素体的 X 射线衍射标准 PDF 卡片

α（Fe）				γ（Fe）			
$d/Å$	I/I_0	hkl	$2\theta/(°)$	$d/Å$	I/I_0	hkl	$2\theta/(°)$
2.0268	100	110	44.71	2.08	100	111	43.50
1.4332	20	200	65.08	1.80	80	200	50.72
1.1702	30	211	82.41	1.270	50	220	74.75
1.0134	10	220	99.05	1.083	80	311	90.76
0.9064	12	310	116.53	1.037	50	222	96.04
0.8275	6	222	137.37	0.900	30	400	117.86

注：1Å=0.1nm。

（2）利用 X 射线衍射法测定残余奥氏体含量通常用式（5-1）计算[125]。

$$V_\gamma = 1.4I_\gamma/(I_\alpha + 1.4I_\gamma) \tag{5-1}$$

式中，V_γ 是残留奥氏体体积分数；I_γ 是奥氏体（200）、（220）以及（311）晶面衍射峰的平均积分强度；I_α 则是铁素体（200）和（211）晶面衍射峰的平均积分强度。

平均积分强度可利用 origin 软件分别计算出所选衍射峰的积分强度后取其平均值。

（3）X 射线衍射法测定残余奥氏体中的碳含量通常可用式（5-2）计算[126]。

$$w(C_\gamma) = (a_\gamma - 3.547)/0.046 \tag{5-2}$$

式中,$w(C_\gamma)$ 为残余奥氏体中的碳含量,%;a_γ 为残余奥氏体的点阵常数。

残余奥氏体的点阵常数 a_γ 可利用式 (5-3) 计算。

$$a_\gamma = \frac{\lambda \sqrt{h^2 + k^2 + l^2}}{2\sin\theta} \tag{5-3}$$

式中,λ 为射线波长 (CuKα 射线:0.154056nm);(hkl) 为晶面指数,计算时选取奥氏体的某特定衍射峰,本书选取 $(200)\gamma$;θ 为衍射角,其精确值可利用 X 射线衍射图结合 origin 软件利用半高宽中点法[127]进行确定,值得注意的是 X 射线衍射图中的衍射角为 2θ。

(4) 利用 X 射线衍射法测定马氏体中的碳含量通常可用式 (5-4) 计算[128]。

$$w(C_M) = \left(1 - \frac{c}{a}\right) \Big/ 0.046 \tag{5-4}$$

式中,$w(C_M)$ 为马氏体中的碳含量,%;c/a 为马氏体的正方度,可由式 (5-5) 计算[129]。

$$\frac{c}{a} = \sqrt{\frac{2}{\sqrt{\dfrac{d^2_{(110)}}{d^2_{(211)}} - 1}}} \tag{5-5}$$

式中,$d_{(110)}$ 和 $d_{(211)}$ 分别为马氏体 (110) 面和 (211) 面的晶面间距,由式 (5-6) 布拉格衍射方程确定。

$$2d\sin\theta = \lambda \tag{5-6}$$

式中,θ 为衍射角。其确定方法与式 (5 3) 中衍射角的计算方法一致;λ 为射线波长 (CuKα 射线:0.154056nm)。

5.1.2 退火工艺参数对组织特性与力学性能的影响

实验钢不同退火温度相应组织的二次电子形貌像如图 5-3 所示。当在 760℃ 和 770℃ 退火时,退火温度相对较低,组织中部分变形铁素体发生回复再结晶,最终组织中的铁素体形态大致分为等轴状再结晶铁素体 (recrystallized ferrite) 和条状变形铁素体 (deformed ferrite) 两种。等轴状铁素体是变形铁素体在临界区退火时再结晶重新形核长大的,晶粒尺寸较为细小，而变形铁素体呈长条状，且晶粒尺寸较为粗大。较低退火温度下，铁素体基体上可以观察到细小颗粒状渗碳体析出，渗碳体的析出会消耗钢中大量可配分的碳，大量奥氏体会在后续淬火过程中由于稳定性不足发生马氏体相变，最终保留到室温的残余奥氏体含量较少。组织中渗碳体的存在可在一定程度上影响实验钢的屈服强度。

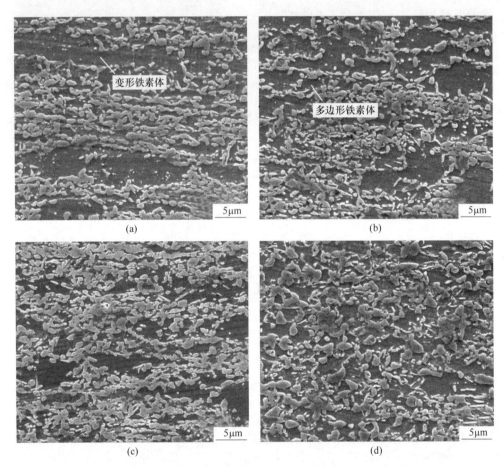

图 5-3　实验钢不同退火温度下的微观组织（4-1 号钢）

（a）760℃；（b）770℃；（c）780℃；（d）800℃

　　随着退火温度升高到 780℃，实验钢奥氏体化程度进一步提升，组织中的变形铁素体含量和晶粒尺寸明显减小，这是因为随着退火温度的升高，组织中变形铁素体再结晶程度不断增加，大量变形铁素体回复再结晶生成等轴状铁素体。当退火温度提升到 800℃ 时，组织中变形铁素体已基本全部消失，整体组织由均匀分布的等轴状铁素体和弥散分布的马奥岛组成。

实验钢在 770℃ 和 800℃ 退火时组织中残余奥氏体的含量及相应碳浓度见表 5-2。在 770℃ 退火时钢中残余奥氏体含量比在 800℃ 退火时提高了 5.5%。这是因为退火温度较低时，实验钢奥氏体化程度较低，铁素体体积分数较大，在退火过程中碳扩散效果更明显，奥氏体稳定性更高。临界区铁素体越多，配分前奥氏体中碳含量越高，最终能够保留的奥氏体也越多。而退火温度较高时，铁素体体积分数减小，退火过程中可配分碳含量减少，在后续淬火过程中大量奥氏体由于稳定性不足相变成马氏体，因此最终的残余奥氏体含量较低。

表 5-2　不同退火温度实验钢残余奥氏体相关参数

退火温度/℃	残余奥氏体体积分数/%	残余奥氏体碳质量含量/%
770	12.8	0.948
800	7.3	0.839

实验钢不同退火温度的工程应力-应变曲线如图 5-4 所示，不同退火温度的力学性能统计见表 5-3。从实验钢的工程应力-应变曲线可以看出，当退火温度为 760℃ 和 770℃ 时，应变曲线中出现了明显的屈服点，随着退火温度升高，铁素体含量逐渐减少，奥体中的合金元素浓度减小，稳定性下降，大量奥氏体由于稳定性不足在后续淬火过程中发生马氏体相变，生成大量可动位错，曲线逐渐向连续屈服特征转变。

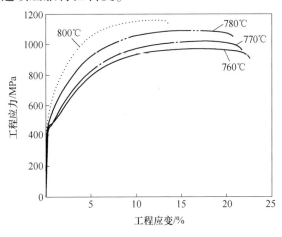

图 5-4　不同退火温度下的工程应力-应变曲线

表 5-3 不同退火温度实验钢的力学性能

退火温度/℃	屈服强度/MPa	抗拉强度/MPa	屈强比	伸长率/%	强塑积/MPa·%
760	425	976	0.43	22.6	22057
770	422	1024	0.41	21.7	22221
780	374	1094	0.34	20.7	22646
800	416	1162	0.36	17.5	20335

当退火温度为 760℃ 时，实验钢屈服强度为 425MPa，抗拉强度为 976MPa，屈强比为 0.43，伸长率为 22.6%，强塑积为 22057MPa·%。退火温度较低时，实验钢奥氏体化程度较低，大量临界区铁素体的存在使实验钢具有良好伸长率以及相对较低的抗拉强度，而较高的屈服强度主要归结于大量冷轧变形铁素体的保留。当退火温度为 770℃ 时，与在 760℃ 退火时相比，铁素体含量变化不大，且组织中仍有变形铁素体的存在，因此实验钢屈服强度基本维持不变，而组织中硬相马氏体的含量有所增加，因此实验钢的抗拉强度有所提升。

当退火温度为 780℃ 时，实验钢屈服强度为 374MPa，抗拉强度为 1094MPa，屈强比为 0.34，伸长率为 20.7%，强塑积达到 22646MPa·%。该退火温度下实验钢的屈服强度最低，这主要是因为该工艺下变形铁素体已经转变成强度较低的再结晶铁素体，此外该工艺下硬相马氏体含量相对较少，导致整体屈服强度最低。当退火温度为 800℃ 时，在四组对比实验中，该退火温度下实验钢伸长率最低。总体来说，屈服强度呈现先减小后增加的趋势；抗拉强度随着退火温度的增加而增大，这是因为退火温度升高导致组织中硬相比例增加，软相比例减小。伸长率随着退火温度的增加而减小主要是由于铁素体含量和残余奥氏体含量减少。

Q&P 钢在临界区退火时，除了退火温度以外，退火时间对实验钢的组织演变与力学性能也有重要影响。在同一退火温度下，随着退火时间的延长，组织的奥氏体化程度不断增加，此外，淬火前奥氏体的合金元素浓度和晶粒尺寸也会随着退火时间的延长而不断变化，从而对后续的组织演变以及最终的力学性能产生重要影响。图 5-5 为实验钢在临界区 850℃ 退火时不同退火时间相应的组织照片。当退火时间为 180s 时，升温过程中组织内的大量渗碳体无法完全溶解，此外奥氏体化时间较短，整体奥氏体化程度较低，在该工艺

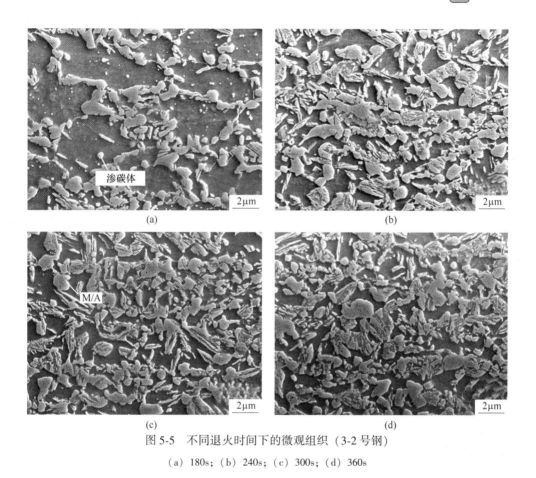

图 5-5 不同退火时间下的微观组织（3-2 号钢）

（a）180s；（b）240s；（c）300s；（d）360s

下，渗碳体的析出大幅度减少了可配分的碳含量。随着退火时间的延长，奥氏体化程度逐渐增加，最终生成的马奥岛含量明显增多。然而，当退火时间为 240s 时，组织中还有少量的渗碳体保留，直至退火时间延长至 300s 和 360s 时，渗碳体才完全溶解。同时，在退火过程中奥氏体会优先在晶界及 C、Mn 元素富集的地方形核长大。另外，各工艺下铁素体体积分数随退火时间的变化趋势如图 5-6 所示。随着退火时间的延长，铁素体含量初期快速下降，但到后期基本保持不变。退火 240s 时铁素体含量基本达到平衡，此时组织中铁素体约占 40%，马氏体和贝氏体等硬相组织约占 60%。

实验钢不同退火时间相应的工程应力-应变曲线如图 5-7 所示，不同退火时间下实验钢的力学性能汇总见表 5-4。退火时间为 180s 时，由于短时间退火下奥氏体化程度较低，最终生成的马氏体含量较少，该工艺的屈服强度和

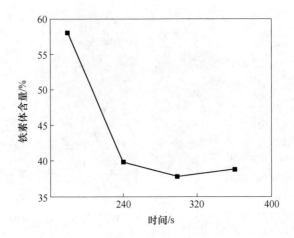

图 5-6 铁素体含量随退火时间的变化

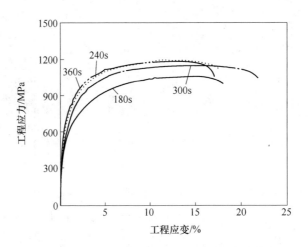

图 5-7 不同退火温时间下的工程应力-应变曲线

表 5-4 不同退火时间实验钢的力学性能

退火时间/s	屈服强度/MPa	抗拉强度/MPa	屈强比	伸长率/%	强塑积/MPa·%
180	420	1059	0.40	21.0	22239
240	597	1192	0.50	20.4	24317
300	582	1145	0.51	21.6	24732
360	607	1177	0.52	20.2	23775

抗拉强度均较低。伸长率一方面得益于软相铁素体含量增加，另一方面又受

抑于渗碳体析出导致可配分的碳含量减少，在众多因素的综合作用下伸长率并没有明显的提升。

当退火时间为 240s 时，实验钢屈服强度为 597MPa，抗拉强度为 1192MPa，屈强比为 0.50，伸长率为 20.4%，强塑积为 24317MPa·%。与退火时间为 180s 时相比，实验钢奥氏体化程度明显增高，结合组织照片可知实验钢铁素体含量较少且组织晶粒得到细化，相应的马氏体等硬相含量增加。因此实验钢的屈服强度与抗拉强度显著提高，屈服强度增加了 177MPa，抗拉强度增加了 133MPa，而延长率得益于渗碳体的溶解，可配分碳含量大幅度增加，组织中的残余奥氏体含量也随之增加。

随着退火时间进一步延长至 300s 和 360s，组织中的软硬相比例基本保持不变，且各相尺寸也基本保持不变，因此再增加退火时间对实验钢的力学性能影响不大。总体来说，短时间退火实验钢的屈服强度较低，随着退火时间的延长，屈服强度先明显增加，然后基本保持不变；抗拉强度随退火时间的延长先增加后减小，变化范围为 1059~1192MPa；延长率随退火时间的延长并没有明显的变化，基本保持在 20%~22% 之间；强塑积随退火时间的延长先增加后基本保持不变。

5.1.3 配分参数优化调控 Q&P 钢组织性能

实验钢不同配分时间相应组织的二次电子形貌像如图 5-8 所示。组织中存在大量的马奥岛组织，该组织的出现与奥氏体中元素不均匀分布有直接关系。临界区退火过程中，铁素体向奥氏体排碳，使得奥氏体中存在明显的碳浓度梯度，即奥氏体心部贫碳而边部富碳。随后的等温过程中，随着贝氏体铁素体的生长，奥氏体边部进一步富碳，在后续淬火过程中，奥氏体心部由于稳定性较低优先转变成马氏体，而外侧高碳奥氏体稳定保留到室温，从而形成马奥岛结构。

当配分时间为 500s 时，微观组织以马奥岛结构为主。当淬火到 320℃ 时，由于淬火温度在实验钢的马氏体转变开始温度（M_s）以上，因此组织中没有马氏体生成，继续等温会伴随临界区铁素体的回复与贝氏体相变。贝氏体相变需要孕育期，贝氏体铁素体优先在原奥心部的低碳区域形成，之后向外侧高碳区域扩展。由于配分时间较短，贝氏体相变不充分，大量奥氏体在随后

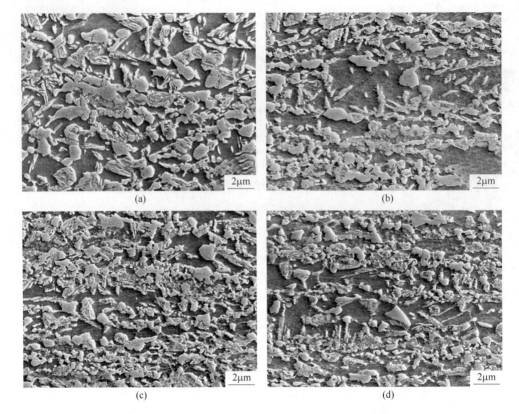

图 5-8 不同配分时间下的微观组织（3-2 号钢）

(a) 500s；(b) 700s；(c) 1000s；(d) 2000s

的淬火过程中因为稳定性不足发生了马氏体相变，生成了大量的新鲜马氏体+残余奥氏体的混合组织。

当配分时间增加到 700s 时，组织中马奥岛明显减少，这是由于随着配分时间的延长，贝氏体相变较为充分，在随后的淬火中发生马氏体相变的奥氏体明显减少。进一步延长配分时间，贝氏体相变更加充分，且贝氏体铁素体的长大对奥氏体起分割作用，能够有效细化晶粒。需要指出的是，即使配分时间达到 2000s，仍未观测到有渗碳体析出，说明 Si 元素在 320℃ 的配分温度下抑制渗碳体的效果良好。

不同配分时间下实验钢的工程应力-应变曲线如图 5-9 所示，各配分时间下实验钢的力学性能统计见表 5-5。当配分时间选择为 500s 时，实验钢屈服强度为 597MPa，抗拉强度为 1192MPa，屈强比为 0.50，伸长率为 20.4%，强塑积为 24317MPa·%。结合电子探针组织照片可知，大量的新鲜马氏体使实验钢有着较高的屈服强度和抗拉强度。同时临界铁素体与残余奥氏体的存在使实验钢伸长率较好，最终实验钢的强塑积也较高。

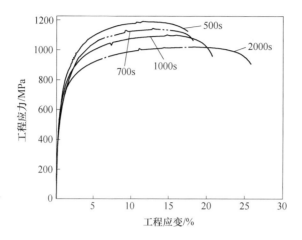

图 5-9 不同配分时间下的工程应力-应变曲线

表 5-5 不同配分时间实验钢的力学性能

配分时间/s	屈服强度/MPa	抗拉强度/MPa	屈强比	伸长率/%	强塑积/MPa·%
500	597	1192	0.50	20.4	24317
700	477	1144	0.41	19.8	22651
1000	490	1101	0.45	22.3	24552
2000	601	1022	0.58	25.1	25652

当配分时间选择为 700s 时，实验钢屈服强度为 477MPa，抗拉强度为 1144MPa，屈强比为 0.41，伸长率为 19.8%，强塑积为 22651MPa·%。与配分 500s 时相比，强度的降低可归结于组织中硬相的减少和铁素体-贝氏体基体进一步回复软化。当配分时间为 1000s 时，实验钢屈服强度为 490MPa，抗拉强度为 1101MPa，屈强比为 0.45，伸长率为 22.3%，强塑积为 24552MPa·%。与配分 700s 时相比，屈服强度基本相当，抗拉强度略微下降。当配分时间为 2000s 时，实验钢屈服强度为 601MPa，抗拉强度为 1022MPa，屈强比为 0.58，伸长率为 25.1%，强塑积为 25652MPa·%。与配分 700s 时相比，屈服强度明显增加，抗拉强度大幅度降低，整体强塑积最优。

总体来说，在 500~2000s 配分时间范围内，随着配分时间的增加，在变形铁素体回复以及贝氏体相变的综合作用下，屈服强度先快速下降后逐渐上升，变化范围为 $477 \sim 601$ MPa；抗拉强度随着新鲜马氏体含量的减少呈现逐步下降的趋势；伸长率在配分时间为 700s 时略有下降，但在 700s 之后迅速升高，这主要与更充分贝氏体相变、基体自回火以及更多细小弥散的 M/A 颗粒出现等现象有关，伸长率变化范围为 $19.8\% \sim 25.1\%$；屈强比和强塑积变化趋势相同，都是随着配分时间的延长先下降后升高。

5.2 两步 Q&P 工艺的组织特性与力学性能优势

5.2.1 实验材料制备与方法

本节主要探究两步 Q&P 工艺中配分时间和淬火温度对实验钢组织演变与力学行为的影响，采用的实验钢种成分见表 3-1，热处理工艺方案如图 5-10 所示。探究不同配分时间对实验钢组织演变及力学性能的影响的工艺过程如下：首先将实验钢加热到 820℃保温 600s，然后快速淬火至 250℃等温 20s，之后再升温至 400℃分别等温 60s、180s、300s、600s、3600s，最后水冷至室温，具体工艺如图 5-10（a）所示。探究不同淬火温度对实验钢组织演变及力学性能的影响，实验具体操作如下：首先将实验钢加热至临界区 800℃等温 600s，然后用低温盐浴炉将实验钢分别淬火到 170℃、250℃、290℃等温 20s，最后在 400℃高温盐浴炉中配分 300s 后淬火到室温，具体工艺如图 5-10（b）所示。

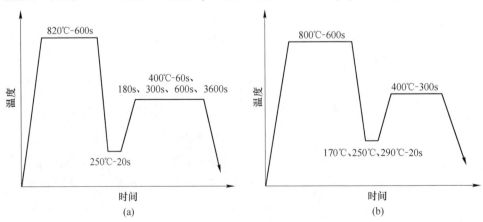

图 5-10　热处理工艺

（a）配分时间；（b）淬火温度

5.2.2 配分时间对组织演变与力学性能的影响

不同配分时间相应组织的 EPMA 图像如图 5-11 所示。不同配分时间相应的组织均由铁素体、回火马氏体、贝氏体、新鲜马氏体与残余奥氏体组成。当

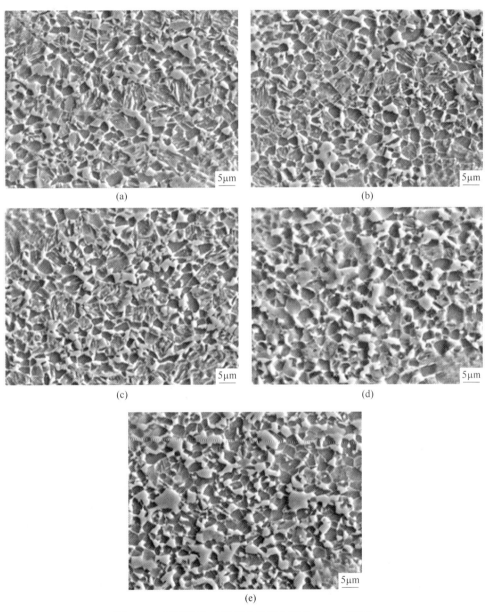

图 5-11 不同配分时间相应的微观组织（3-1 号钢）

（a）60s；（b）180s；（c）300s；（d）600s；（e）3600s

配分 60s 时，由于时间过短碳元素不能充分扩散，奥氏体稳定性较低，在随后的淬火过程中，大部分奥氏体由于稳定性较差发生马氏体相变，最后组织中有大量的新鲜马氏体或马奥岛（M/A）存在。除了晶界处分布的大量块状 M/A 或奥氏体外，回火马氏体内部薄膜状奥氏体或 M/A 也具有较高的比例。配分时间为 180s 和 300s 的两组工艺，组织形貌的差别较小。当配分时间为 600s 时，组织中贝氏体含量逐渐增加，一次马氏体回火充分导致内部薄膜状奥氏体或 M/A 含量逐渐减少。当配分时间为 3600s 时，马氏体回火更加充分，其残余奥氏体主要存在于晶界处的大块状 M/A 中，少量以细小颗粒或薄膜状出现在回火马氏体或贝氏体内部。

利用场发射电子探针分别对配分时间为 60s 和 3600s 微观组织的选定区域进行面扫，面扫结果如图 5-12 所示。从两组工艺的 C 元素分布图中可以看出，C 元素主要富集在回火马氏体和马奥岛结构中，铁素体中 C 元素含量较少。钢中 Al、Si 元素的添加，有效地抑制了碳化物的析出，长时间的等温配分，组织中没有明显碳化物的析出。不同配分时间下的工程应力-应变曲线如图 5-13 所示。当配分时间为 60s 时，抗拉强度为 1227MPa，屈服强度为 615MPa，伸长率为 14%，屈强比为 0.5，强塑积为 17178MPa·%。在 5 组配分工艺中，该配分工艺的屈服强度和抗拉强度最高，伸长率最低。这主要是因为短时间的等温配分效果较差，此外等温时间较短，贝氏体相变不充分。以上两点因素都会影响奥氏体的最终富碳程度，在后续淬火过程中，大量稳定性较差的奥氏体发生马氏体相变，生成位错密度较高且硬度相对较大的新鲜马氏体，所以此工艺的抗拉强度最大。同时钢中未发生相变剩余的奥氏体含量较少，导致钢板最终的塑性相对较差。

如图 5-14 所示，随着配分时间的延长，抗拉强度逐渐下降，伸长率先增加然后基本保持不变，屈服强度变化不大，强塑积变化趋势与伸长率变化趋势大体相同。随着配分时间的延长，回火马氏体中的碳元素不断向奥氏体扩散，奥氏体富碳程度逐渐提高，稳定性也不断提高，最终保留到室温的奥氏体含量增加。此外，随着等温时间的延长，一方面一次马氏体软化程度逐渐加重，另一方面贝氏体与临界区铁素体内的位错也不断发生回复，在以上诸多因素的综合作用下实验钢的抗拉强度逐渐降低。

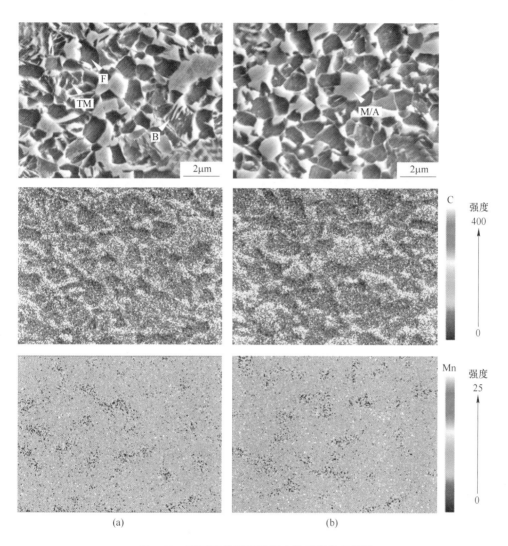

图 5-12 不同配分时间组织中的元素分布情况

（a）配分 60s；（b）配分 3600s

5.2.3 基于淬火温度调控的组织特性与力学行为

图 5-15 为不同淬火温度实验钢的二次电子形貌像。图 5-15（a）为实验钢淬火温度为 170℃时对应的微观组织，组织由铁素体、回火马氏体、贝氏体和马奥岛组成。该试样由于淬火温度较低，组织中回火马氏体的含量相对较多，马奥岛的含量相对较少，并且马奥岛的晶粒尺寸也相对较小。随着淬

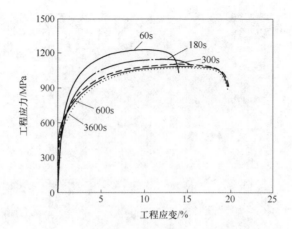

图 5-13 不同配分时间的工程应力-应变曲线

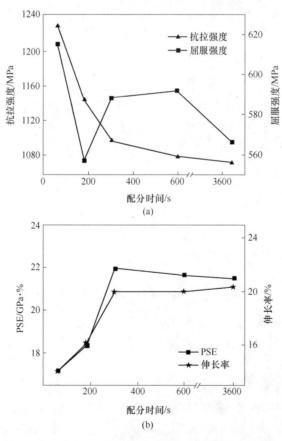

图 5-14 不同配分时间的拉伸性能

（a）不同配分时间的抗拉强度与屈服强度；（b）不同配分时间的伸长率与强塑积

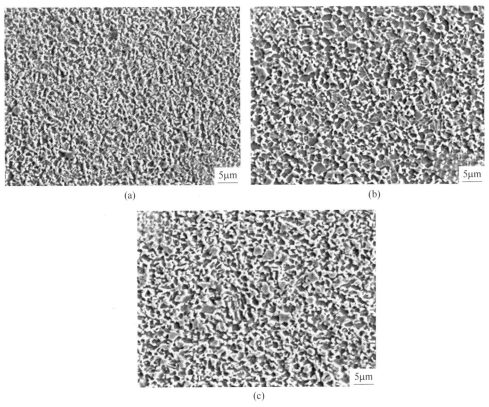

图 5-15　不同淬火温度的微观组织（3-1 号钢）

（a）170℃；（b）250℃；（c）290℃

火温度的增加，组织中回火马氏体的含量逐渐减少，马奥岛的含量逐渐增加，马奥岛的晶粒尺寸也逐渐变大。当淬火温度为 290℃时，组织中回火马氏体含量很少，实验钢的组织主要为铁素体、贝氏体和马奥岛组织。

　　不同淬火温度下拉伸试样的工程应力-应变曲线如图 5-16 所示，其力学性能汇总见表 5-6。随着淬火温度的降低，屈服强度先降低后升高。当淬火温度为 170℃时，屈服强度最高为 809MPa。这是由于试样在 170℃淬火时，温度较低，在一次淬火过程中生成了大量的一次马氏体，新鲜马氏体含量较少，产生较少的可移动位错。当淬火温度为 250℃时，组织中含有较多的新鲜马氏体，马氏体相变体积膨胀挤压周围的铁素体产生大量的自由位错，不利于提高屈服强度。

　　当淬火温度为 290℃时，组织中新鲜马氏体含量进一步增多，虽然马氏体

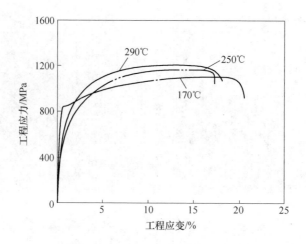

图 5-16　不同淬火温度的工程应力-应变曲线

表 5-6　不同淬火温度的力学性能

淬火温度/℃	抗拉强度/MPa	屈服强度/MPa	屈强比	伸长率%	强塑积/MPa·%
170	1102	809	0.73	20.4	22481
250	1155	590	0.51	17.6	20328
290	1215	695	0.57	17.9	21749

相变产生了更多的自由位错，但是新鲜马氏体的增多提高了试样的变形加工硬化能力，使得试样整体强度提高，有利于提高屈服强度。试样的抗拉强度随淬火温度的降低而减小，这可能是由于新鲜马氏体具有高位错密度和高硬度的特点，对试样的抗拉强度有决定性的影响，因此，新鲜马氏体含量随淬火温度的降低而减少，导致试样的抗拉强度随淬火温度的降低而减小。三组试样的伸长率相近，在17.6%~20.4%之间，表明试样具有优良的塑性。值得说明的是，试样在170℃淬火时，具有最优的综合力学性能，抗拉强度为1102MPa，屈服强度为809MPa，伸长率为20.4%，屈强比为0.73，强塑积高达22481MPa·%。

5.3　新型 Q&P 工艺的开发

5.3.1　高延伸 Q&P 钢的微观组织特性与典型力学性能

在传统 Q&P 成分和工艺基础上，通过设计新的热处理工艺调控退火前初始组织，可以使材料获得更优异的强塑性匹配。图 5-17（a）为作者团队新开发的高延伸 Q&P 钢的典型组织照片，其微观组织主要包括铁素体、贝氏体和 M/A 岛。与传统 Q&P 钢相比，高延伸 Q&P 钢中 M/A 岛大多数呈条状，晶粒细小，且分布均匀。这主要是因为退火阶段奥氏体形成机制不同造成的，新奥氏体优先在马氏体板条边界和晶界处形成，主要呈条状，少量块状原奥氏体在晶界处形成。形核位置的增加，大大加速了奥氏体的形成和碳原子的配分行为，并使晶粒细小均匀，退火后能够观察到更多细小弥散的残余奥氏体或 M/A 岛。

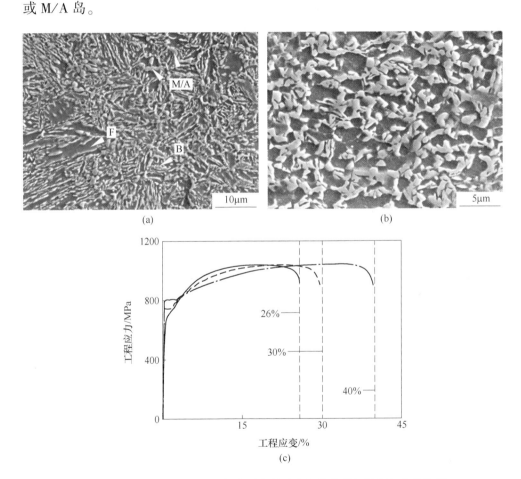

图 5-17 作者团队新开发的超高强塑性汽车钢的微观组组织与力学性能

（a）高延伸 Q&P 钢微观组织；（b）3Mn-TRIP 钢的微观组织；（c）工程应力-应变曲线

高延伸 Q&P 钢中的铁素体区别于传统 Q&P 钢中形核长大的多边形铁素

体，它是由板条马氏体直接回火得到，因此铁素体晶粒细小均匀，且内部具有较多的亚结构。细小均匀的铁素体有效地提高了高延伸 Q&P 钢的屈服强度，与普通一步配分 Q&P 钢相比，高延伸 Q&P 钢的屈服强度提高了约 200MPa。高延伸 Q&P 钢中的残余奥氏体主要呈片状或细小颗粒状，以 M/A 岛的形式存在，较小的尺寸大大缩短了 C 扩散距离，使得残余奥氏体更容易保留下来。此外，片状或细小颗粒状的残余奥氏体具有较高的稳定性，因此，高延伸 Q&P 钢中的残余奥氏体含量和稳定性均高于普通一步配分 Q&P 钢。细小均匀的组织和高含量、高稳定性的残余奥氏体促使高延伸 Q&P 钢的塑性大幅度提高，抗拉强度 1000MPa 以上级钢种，断后伸长率能够达到 30%左右。

5.3.2 减量化 Mn-TRIP 钢的典型组织与力学性能特点

3Mn-TRIP 钢是在锰含量 5%~12%的传统中锰钢成分基础上添加减量化的锰含量设计（通常约为 3%Mn），采用新的临界区退火工艺，实现屈服强度 650~800MPa，抗拉强度 950~1100MPa，伸长率大于 25%的优良力学性能。图 5-17（b）和（c）分别为作者团队新开发的高性能 3Mn-TRIP 钢的典型组织和拉伸曲线，其力学性能为抗拉强度 1120MPa，屈服强度 800MPa，伸长率 40%，强塑积达到 44.8GPa·%。临界区退火微观组织中，存在少量细小板条状铁素体将部分等轴状奥氏体分割成细小板条状或者块状结构，同时组织内还包含大量未被分割的等轴状奥氏体及铁素体。

初始组织结构调控极大地提高了奥氏体的形核密度，细化了奥氏体的晶粒尺寸，缩短了原子配分距离，同时利用元素配分的叠加效应，促进碳、锰原子在较短退火时间内实现高效配分，保留更多弥散细小的残余奥氏体到室温，从而最终得到超细晶奥氏体+铁素体+少量马氏体多相组织。构造微米+纳米双峰组织结构，同时引入少量新鲜马氏体，可使新开发钢中屈服平台大大缩短，从而避免传统中锰钢（5%~10%Mn）中普遍存在的长吕德斯带的瓶颈问题，大幅度提高第三代高强塑积钢的可应用性。因此，利用基体组织较高强度和大量残余奥氏体的 TRIP 效应，以及铁素体和细小弥散分布 M/A 颗粒之间良好的变形协调作用，可以实现较高的加工硬化率和均匀伸长率，使新开发的 3Mn-TRIP 钢比部分锰含量为 5%~10%的传统中锰钢拥有更优异的强塑性能。

5.4 本章小结

本章以冷轧 Q&P 为主要研究对象，从一步 Q&P 工艺和两步 Q&P 工艺出发，分别研究了退火温度、退火时间、淬火温度、配分时间对最终组织演变和力学性能的影响，所获得的主要结论如下：

（1）一步 Q&P 工艺中，退火温度较低时变形铁素体有助于屈服强度的升高，实验钢总体屈服强度在再结晶铁素体和变形铁素体等因素综合作用下随退火温度的增加呈现先降低后升高的趋势。抗拉强度随硬相马氏体的增加逐渐增大，伸长率受铁素体量与残余奥氏体量控制略有降低，总体强塑积表现为先增加后减小。随着配分时间的增加，在变形铁素体回复以及贝氏体相变的综合作用下，屈服强度先下降后上升，抗拉强度随着新鲜马氏体含量的减少呈现逐步下降的趋势，伸长率先略有下降后迅速升高。

（2）两步 Q&P 工艺下，随着配分时间的延长，一次马氏体回火和贝氏体相变程度均增大，奥氏体中碳原子越来越多向晶界处奥氏体富集。与此同时，抗拉强度逐渐下降，伸长率增加到最大值后基本保持不变，屈服强度变化不大，强塑积变化趋势与伸长率变化趋势大体相同。典型组织中残余奥氏体稳定性较好，长时间配分残余奥氏体并未发生分解，塑性基本保持不变。由于 Si 和 Al 的添加能明显抑制渗碳体，因此 400℃配分 3600s 仍没有明显碳化物的析出。

（3）当淬火温度较低，两步 Q&P 工艺下组织中回火马氏体含量相对较多，M/A 岛含量相对较少，并且 M/A 岛的晶粒尺寸也相对较小。随着淬火温度的增加，组织中回火马氏体的含量逐渐减少，M/A 含量逐渐增加且尺寸也逐渐变大。由于新鲜马氏体的逐渐增加，体积膨胀挤压周围的铁素体产生大量的自由位错，同时更多高硬度新鲜马氏体形成影响材料的变形协调和加工硬化行为，因此实验钢的屈服强度随淬火温度提高先降低后升高，抗拉强度逐渐升高，伸长率均较高且变化不明显。

（4）新开发的高延伸 Q&P 钢 M/A 岛大多数呈条状，晶粒细小，且分布均匀，细小均匀的组织和高含量、高稳定性的残余奥氏体促使高延伸 Q&P 钢的断后伸长率高达 30%。在此基础上，采用新颖的临界区退火工艺开发了强塑性能更加优异的减量化 Mn-TRIP 钢（即 3Mn-TRIP 钢）。其典型组织为超细晶奥氏体+铁素体+少量马氏体，利用基体的较高强度、大量残余奥氏体的 TRIP 效应以及组织之间良好的变形协调能力，可实现抗拉强度 1120MPa，伸长率 40%，强塑积高达 44.8GPa·%。

6 Q&P 钢工业生产与用户使用技术开发

6.1 工业生产实例

基于具有"较低冷速"和"一步过时效"特征的传统工业化连续退火产线，东北大学 RAL 与国内某钢铁企业合作在国际上首次成功开发了冷轧 Q&P980 工业产品。在临界区退火+一步淬火配分工艺下，Q&P980 钢典型的力学性能如图 6-1 所示。由图可见，工业 Q&P980 钢的屈服强度可达到 600MPa 以上，抗拉强度集中在 1010~1040MPa，伸长率 22%~27%，强塑积可达到 25GPa·%以上。

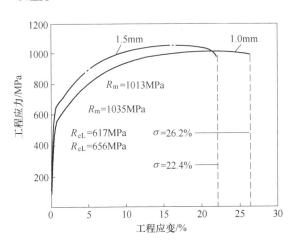

图 6-1 冷轧退火典型拉伸性能曲线

不同厚度规格的工业 Q&P980 产品所对应的显微组织如图 6-2 所示。从图可以看出，两种厚度规格下的 Q&P980 组织都是由铁素体、贝氏体、马氏体和残余奥氏体组成。由于一次马氏体和等温贝氏体对原始奥氏体晶粒的连续分割，因此奥氏体最终晶粒尺寸均小于 5μm。同时，由于铁素体生成带来的元素不均匀性，奥氏体边缘处富碳部分可以在室温下保留为残余奥氏体，而

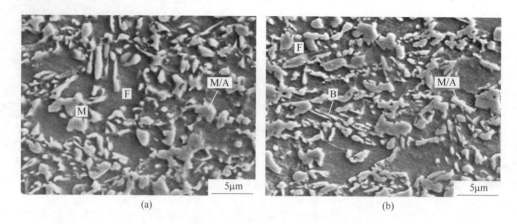

图 6-2 不同厚度典型组织

（a）1.0mm；（b）1.5mm

中心处贫碳部分转变为一次马氏体或贝氏体，同时促进周围奥氏体的保留，最终形成大量的马奥岛结构。

进一步使用 XRD 检测各工艺下的残余奥氏体含量，两种不同厚度规格 Q&P980 产品的 XRD 检测结果如图 6-3 所示。从图可确定 1.0mm 厚 Q&P980 产品的残余奥氏体含量为 12.9%，而 1.5mm 厚产品对应的残余奥氏体含量为 12.6%。这部分残余奥氏体能够在钢材变形过程中发生相变诱导塑性（TRIP）效应，在释放集中应力的同时转变为硬相马氏体，因此能够有效地增强增塑，实现力学性能的整体优化提升。

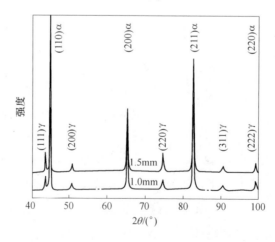

图 6-3 不同厚度下的 XRD 检测结果

在工业产品的推广上，RAL 与某钢铁公司通力合作，共同努力推进 Q&P980 在各大主机厂的使用，成功实现了某车型保险杠与地板加强板的工业化试冲，如图 6-4 所示[91]。Q&P980 钢可以在保证乘务人员安全的前提下实现零件厚度的大幅度减薄，为实现汽车的轻量化生产与节能减排提供了有力支持，大幅度提升了 980MPa 级汽车钢产品性能质量和综合竞争力，推动了我国新一代高性能钢铁材料的研发与应用。

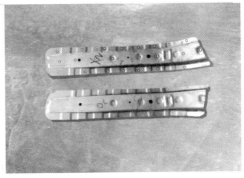

图 6-4　某车型保险杠及地板加强件冲压实物图[91]

6.2　工业产品成形性能研究

在当今的汽车行业中，钢铁材料占汽车白车身总重的 70%~80%，而良好的板材成形性能有助于钢材被加工成各种汽车零部件[88]。由于基体组织较传统汽车用钢更复杂，强度也更高，先进高强钢在冲压过程中常出现起皱、开裂和严重回弹等问题[130]，因此有必要对 Q&P 材料的杯突、扩孔、弯曲、拉深和成形极限等性能进行检测，以此反应工业退火板的成形性能。本章实验在 BCS50-AR 薄板成形实验机上进行。

6.2.1　杯突实验

杯突实验按照 GB/T 4156—2007 通过测量材料的杯突值（简称 *IE* 值）来检测材料的胀形性能[131]。原理如图 6-5 所示。试样放置于凹模和压边圈间夹紧后通过球形凸模对试样中心区域进行冲压，产生贯穿裂纹后测量凸模压入深度。试样为 1.6mm 厚的方板，边长 90mm。实验用凸模直径为 20mm。为消

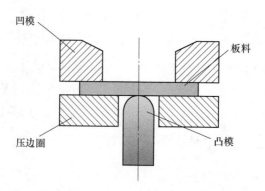

图 6-5 杯突实验原理[131]

除实验误差带来的影响，每组实验工艺采用三个试样进行重复，取平均值作为最终结果。当压边力为 15kN，凸模速度为 5mm/min 时，Q&P980 的 IE 值最高达到 9. 34mm。

相近级别牌号高强钢的 IE 值见表 6-1，从表中可以看出，工业 Q&P980 产品的杯突性能已超过同级别双相钢。双相钢中组织由铁素体和马氏体组成，铁素体硬度较低而马氏体硬度较高，两者之间存在较大的硬度差异，在变形过程中容易形成应变的不均匀分配，在界面处率先产生裂纹，导致双相钢 IE 值较低。和双相钢相比，Q&P 钢组织中增加了贝氏体，硬度在铁素体和马氏体之间，可以有效协调应变配分。同时组织中部分残余奥氏体在变形过程中会发生 TRIP 效应，延迟裂纹的产生，从而提高材料的成形能力。另外，和同级别双相钢相比，Q&P 钢具有更高的加工硬化指数（简称 n 值），在冲压过程中更容易发生加工硬化，有效抵抗厚度方向上的减薄，提高整体变形程度，延迟开裂的发生。

表 6-1 不同牌号钢杯突值

牌 号	板厚/mm	n 值	IE/mm	参考文献
QP980	1. 6	0. 18	9. 34	—
DP780	1. 0	—	8. 43	[132]
DP980	1. 6	0. 10	9. 14	[133]
DP780	1. 4	0. 13	9. 57	[133]
DP590	1. 4	0. 19	10. 4	[133]
TRIP590	1. 0	0. 23	11. 9	[134]
TRIP780	1. 5	0. 22	14. 1	[134]

6.2.2 扩孔实验

扩孔实验根据 GB/T 15825.4—2008 通过测量材料的极限扩孔率来检测材料的扩孔性能[135]。实验原理如图 6-6 所示。实验过程中首先使用不同的加工方式在 100mm×100mm 的方形试样中心处制备出直径为 10mm 的圆形通孔，然后将试样压紧在凹模和压边圈之间，使用 60°的圆锥凸模对预制孔施加变形，直至孔边缘发生贯穿裂纹时停止实验。测量实验后圆孔的平均直径，根据式（6-1）计算实验钢的极限扩孔率 λ，每组实验工艺重复三次取平均值。

$$\lambda = \frac{D_h - D_0}{D_0} \times 100\% \qquad (6-1)$$

式中　λ——极限扩孔率；

　　　D_h——刚发生开裂时的孔边缘直径，mm；

　　　D_0——初始预加工孔直径，mm。

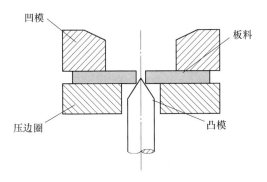

图 6-6　扩孔实验原理[135]

相近级别牌号高强钢的扩孔率见表 6-2，从表中可以看出，Q&P980 产品的扩孔率已经达到同级别双相钢水平。实验过程中还发现不同的孔加工方式对扩孔性能存在很大影响。和机加工制备的试样相比，冲孔加工会使扩孔率下降。这是由于在冲孔的制备过程中，孔附近组织发生了明显的剪切变形，在剪切影响区的相界面处产生了许多的微孔、毛刺和微裂纹等缺陷[136,137]，如图 6-7 所示。后续扩孔过程中这些缺陷会使裂纹更容易形成和扩展，导致扩孔性能降低。

表 6-2 　不同牌号钢扩孔率

牌　号	加工方式	板厚/mm	扩孔率 λ/%	参考文献
Q&P980（RAL）	冲孔	1.6	30	—
Q&P980（RAL）	机加工	1.6	40	—
Q&P980（宝钢）	冲孔	1.2	30	[104]
DP980	冲孔	2.0	32	[104]
DP780	冲孔	2.0	52	[137]
TRIP780	冲孔	1.5	22	[134]

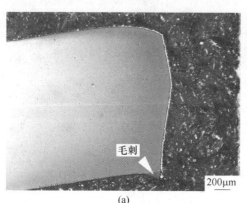
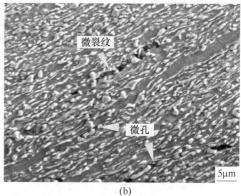

(a)　　　　　　　　　　　　　　　　(b)

图 6-7 　缺陷

（a）毛刺；（b）微裂纹和微孔

6.2.3　弯曲实验

弯曲实验通过三点弯曲实验检测材料的最小相对弯曲半径（R_{min}/t）来评定材料的弯曲性能，实验原理如图 6-8 所示[138]。首先将试样安装在支承辊上，通过弯曲凸模对矩形试样中心施加压力，将试样弯曲至预设角度，确定材料的最小相对弯曲半径。最小相对弯曲半径反应材料弯曲变形极限，受材料钢种成分、轧制工艺、力学性能、表面质量和实验参数等因素影响。一般情况下，最小相对弯曲半径数值越小，材料弯曲性能越好。本实验采用线切割加工的 150mm×25mm 的矩形试样，凸模直径 5mm，支承辊直径 10mm，辊间跨距 25mm。每组实验工艺重复三次取平均值。通过三点弯曲实验对不同弯曲角度下的回弹大小进行测量，以此检测 Q&P980 的回弹性能。在测量回弹

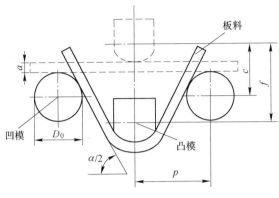

图 6-8 折弯实验[138]

角度的过程中,弯曲角度 α 难以直接进行检测,因此,根据弯曲压头位移 f 来计算弯曲角度,计算公式见式 (6-2)~式(6-5)[139]。

$$\sin\frac{\alpha}{2} = \frac{p \times c + W \times (f - c)}{p^2 + (f - c)^2} \tag{6-2}$$

$$\cos\frac{\alpha}{2} = \frac{p \times W + c \times (f - c)}{p^2 + (f - c)^2} \tag{6-3}$$

$$W = \sqrt{p^2 + (f - c)^2 - c^2} \tag{6-4}$$

$$c = \frac{D_0}{2} + a + \frac{D}{2} \tag{6-5}$$

式中 α——弯曲角度,(°);

D_0——支撑辊直径,mm;

D——凸模直径,mm;

p——凸模与支撑辊中心间的横向距离,mm;

c——弯曲前凸模与支撑辊中心间的高度差,mm;

f——凸模位移,mm;

a——板厚,mm。

弯曲实验结果如图 6-9 所示。从图可以看出,当最小相对弯曲半径为 1.5 时,折弯后试样表面光滑、无裂纹、凹陷等弯曲缺陷,说明产品抵抗弯曲变形的能力十分优秀。结合相关文献可知[140~142],在相近级别的高强钢中,宝钢 Q&P980 实验钢的最小相对弯曲半径为 2.0,DP980 为 2.2,Docol 1200M

为 3.2。相比之下工业 Q&P980 具有更小的最小相对弯曲半径，说明产品的弯曲性能较同级别双相钢和马氏体钢更为优异。

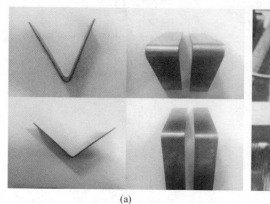

(a)

(b)

图 6.9　弯曲实验图片

弯曲过程中，材料在作用力下发生弯曲变形，既包括塑性变形也包括弹性变形。外力撤除后，弹性变形发生回复，影响零件尺寸精度，给实际冲压加工造成困难。和传统汽车钢相比，高强钢在变形过程会产生更大的残余应力，因而产生较大回弹，影响后续加工和使用。同级别材料的回弹值见表6-3。从表 6-3 中可以看出，Q&P980 的回弹角较 DP980 更低，说明 Q&P980 具有较好的回弹性能。这可能是由于材料的屈服强度较双相钢较低导致的。屈服强度越高，冲压过程中弹性变形所占的比例就越大，外力撤除后会产生较大的弹性回复，造成较大的回弹。

表 6-3　不同牌号钢回弹角对比

钢　　种	板厚/mm	R/t	90°回弹角/(°)	150°回弹角/(°)	参考文献
Q&P980（RAL）	1.6	1.5	14.7	24.7	—
Q&P980（宝钢）	1.8	2.0	15.0	22.0	[142]
DP980	1.5	2.2	20.0	27.5	[142]
MS980	1.5	2.5	15.0	26.0	[142]
Docol 1200M	1.8	6.7	15.7	23.4	[141]
DP780	1.8	6.3	20.4	—	[141]

6.2.4　拉深实验

拉深实验通过检测材料的极限拉延比（LDR）来反应材料的深冲性

能[143]，原理如图 6-10 所示[143]。实验过程中将不同直径的拉深圆片置于凹模与压边圈之间，通过施加合适的压边力阻碍周围金属流动。随后使用圆柱凸模进行拉深，若试样可以完全冲出而不产生裂纹，增加试样直径继续进行下一组实验，直至试样发生破裂。

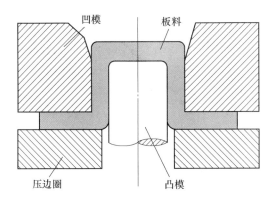

图 6-10　拉深实验原理[143]

实验过程中按照每组 1.25mm 不断增加试样直径，从而确定不发生破裂时的最大试样直径，并根据 GB/T 15825.3—2008 计算极限拉延比 LDR。材料板厚 1.6mm，凹模内径 55.2mm，凸模直径 50mm，实验过程中随着试样直径的增加不断增加实验过程中的压边力，以确保实验顺利进行。实验过程中每组实验重复三次取平均值，根据式（6-6）计算极限拉延比 LDR[143]。

$$LDR = \frac{D_{max}}{D_p} \qquad (6\text{-}6)$$

式中　D_{max}——杯体底部圆角发生开裂时的试样直径，mm；

　　　D_p——凸模直径，mm。

在实验过程中，当试样直径增加到 102.5mm 时，实验过程中杯体可完全冲出，杯体底部未出现破裂。但当试样直径继续增加时，试样发生破裂，开口与厚度方向成 45°角，如图 6-11（b）所示。根据拉深实验标准[143]，可以计算 Q&P980 材料的极限拉延比 $LDR = 102.5/50 = 2.05$。表 6-4 为相近级别高强钢的 LDR 值，从表中可以看出 Q&P980 材料的拉深性能已经达到同牌号高强双相钢水平，具有较好的拉深性能。

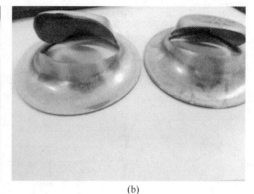

(a)
(b)

图 6-11　拉深实验后试样特征

（a）未破裂拉深试样；（b）破裂后拉深试样

表 6-4　不同牌号实验钢 LDR 值

钢种	板厚/mm	极限拉延比 *LDR*	参考文献
Q&P980（RAL）	1.6	2.05	—
DP1200	1.5	2.03	[144]
M1200	1.2	1.99	[144]
DP1000	1.0	2.07	[145]
DP800	1.2	2.15	[146]
DP600	1.7	2.19	[146]

6.2.5　FLD 成形极限图

成形极限图（FLD）又称成形极限曲线（FLC），反应材料在不同应变路径下的失稳极限，原理如图 6-12（a）所示[147]。实验前首先通过电化学腐蚀在试样表面刻画坐标网格，随后将试样放置于压边圈和凹模之间，用刚性凸模进行冲压直至出现破裂。根据仪器摄像头捕捉变形后预制网格的变化，按照式（6-7）、式（6-8）计算主应变 ε_1 和次应变 ε_2。本实验在 ERICHSEN 实验机上进行。

$$\varepsilon_1 = \frac{D_1 - D_0}{D_0} \times 100\% \tag{6-7}$$

$$\varepsilon_2 = \frac{D_2 - D_0}{D_0} \times 100\% \tag{6-8}$$

式中　D_0——预制网格圆直径，mm；

　　　D_1——胀形后椭圆长轴直径，mm；

　　　D_2——胀形后椭圆短轴直径，mm；

　　　ε_1——表面主应变，%；

　　　ε_2——表面次应变，%。

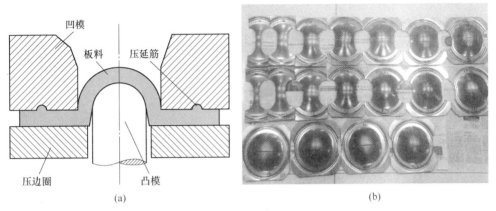

图 6-12　FLD 成形极限原理图[147]（a）和 FLD 实验试样（b）

为了对不同应变路径下的成形极限进行检测，每组实验按照国标加工 9 种中部窄两侧宽的哑铃形试样[147]，长 180mm，宽 20~180mm 不等，如图 6-12（b）所示。实验过程中通过摄像头对试样变形进行实时拍摄与储存，并计算不同尺寸试样的局部变形情况。图 6-13 为 40mm 宽试样破裂前的主应变图，根据图中的颜色可以判断不同区域的变形程度，颜色越亮变形程度越大。从图中可以看出，实验过程中随着凸模位移的不断增加，试样逐渐弯曲，材

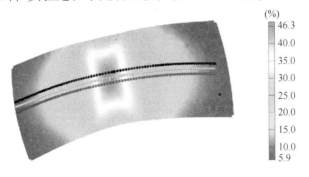

图 6-13　破裂前试样的主应变图

料的变形程度从中心区域向边缘逐渐减小。中心区域颜色最亮处主应变达到 46.3%，并向周围逐渐减小。进而裂纹在中心应变最大处产生。

工业 Q&P980 的成形极限图如图 6-14 所示。和宝钢 Q&P980 相比，材料左半部分主应变值更高。左半部分次应变小于零，为拉压应力状态，表明工业 Q&P980 在深冲性能上更有优势。次应变为零时为平面应力状态，此时材料受到的应力约束较大通常具有最低的主应变值（FLD_0）。从图中可以看出，材料的 FLD_0 达到宝钢 Q&P980 水平。

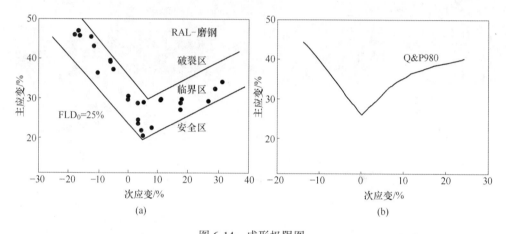

图 6-14　成形极限图
（a）RAL-Q&P980；（b）宝钢 Q&P980

同级别高强钢的 FLD_0 值见表 6-5。从表中可以看出，Q&P980 的 FLD_0 值为 25%，而 980MPa 级双相钢为 19%，这说明 Q&P 钢在平面应变状态下的成形极限已经远远超过 DP980，甚至达到 DP780 的水平。综合来看，材料具有优秀的成形极限，已经满足汽车行业的需要，可用于实际冲压生产。

表 6-5　不同牌号实验钢 FLD_0 值

钢　种	板厚/mm	FLD_0/%	参考文献
Q&P980（RAL）	1.6	25	——
Q&P980（宝钢）	1.2	27	［97］
DP980	2.0	19	［97］
TRIP600	1.0	36	［148］
DP780	1.4	21	［148］
TRIP780	1.4	34	［149］

使用扫描电镜对实验钢 FLD 试样进行断口观察，低倍扫描图片如图 6-15 所示。由图可以看出试样发生明显的分层现象，内层颜色较外侧更深，说明内外侧组织结构与性能存在一定差异。进一步对内外层组织进行高倍扫描分析，结果如图 6-16 所示。从图可以发现，FLD 试样外层区域由大量圆而深的韧窝构成，具有较好的韧性；相比之下内层区域韧窝数量较少，同时还有部分撕裂棱存在，属于混合断裂。两者相比，外层的断裂韧性更佳，这可能是由于变形过程中外层金属不受约束先发生塑性变形，而中心层金属变形时会受到已变形金属的阻碍。

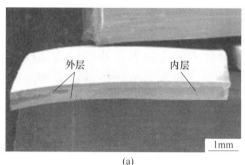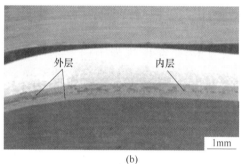

图 6-15 FLD 试样扫描电镜宏观形貌图片

（a）20mm；（b）180mm

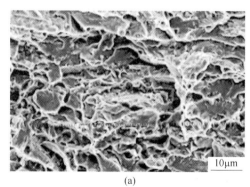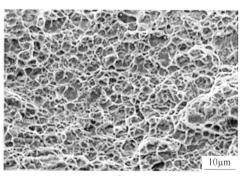

图 6-16 FLD 试样扫描电镜微观形貌图片

（a）内层；（b）外层

6.3 电阻点焊工艺研究

电阻点焊是目前汽车行业应用最为广泛的连接方法，是一种传统的连接工艺，属于压力焊的范畴，是一个包含力、热、电以及冶金铸造等多方面综合的复杂过程。待焊材料在合适的电极压力作用下被压紧，通过电流的焦耳热效应使基体熔化，出现塑性环包裹液态金属的现象，在随后电极的水冷作用下，熔化后的熔核经历快速冷却后发生凝固，其冷速可达 1000~2000℃/s。本部分 Q&P 钢电阻点焊工艺研究选自于本课题组前期对冷轧 Q&P980 薄板的电阻点焊所开展的研究工作[150~152]，着重对电阻点焊的典型组织和力学性能进行了研究，针对点焊常见缺陷进行了工艺改进，并在此基础上研究了双脉冲焊接工艺对组织性能的影响。

6.3.1 点焊典型组织与力学性能

所用研究材料为国内某钢厂生产的冷轧 Q&P980 钢工业板，其厚度为 1.8mm，对应的典型组织特性与力学性能见 6.1 节。传统焊接工艺下冷轧 Q&P980 薄板的电阻点焊接头宏观组织形貌与对应的硬度值分布如图 6-17 所示，其中图 6-17（a）和（b）分别是采用 4%硝酸酒精溶液和饱和苦味酸溶液对熔核组织腐蚀处理后的宏观金相组织图，图中白色虚线内部为熔核组织，黑色虚线为进行实际显微硬度测试的轨迹，图 6-17（c）为 Q&P980 焊接接头的显微维氏硬度值分布情况。结合图 6-17 和图 6-18 中 Q&P980 焊接接头的宏观和微观组织可以发现，Q&P 钢完整的焊接接头可以划分为四个区域，分别为：母材区（Base Metal，BM）、热影响区（Heat Affected Zone，HAZ）、部分熔化区（Partial Melting Zone，PMZ）和熔核区（Fusion Zone，FZ）。

（1）熔核区（FZ）：在电阻点焊过程中该区域的峰值温度处于基体的熔点以上。经历了熔化-凝固过程。FZ 出现了柱状晶和等轴晶两种不同形态的粗大组织，其硬度值大约为 520HV，是焊接接头中的核心区域。

（2）部分熔化区（PMZ）：该区域的峰值温度介于基体材料的固-液两相区之间，晶粒内部或晶界处出现部分熔化现象。该区域发生组分重新分配，出现微区内的成分偏析。未熔化的区域所经历的温度虽未达到熔点，但是也足够高，导致该区域内部组织粗化严重，随后在快冷阶段引入了粗大的板条状马氏体组织。PMZ 的范围与材料的成分有关。

（3）热影响区（HAZ）：该区域又可以根据峰值温度的不同划分为部分

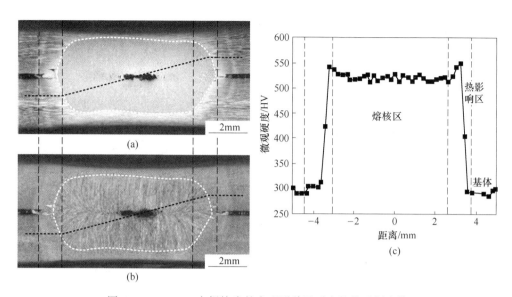

图 6-17 Q&P980 点焊接头的宏观形貌及对应的维氏硬度值

（a）焊接接头金相形貌（4%硝酸酒精腐蚀）；（b）焊接接头金相形貌（饱和苦味酸腐蚀）；

（c）显微维氏硬度分布

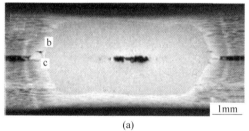

（a）

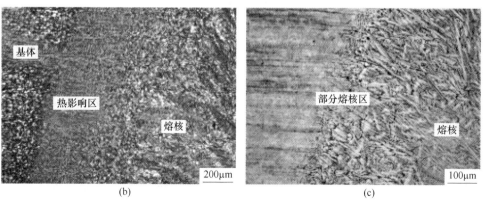

图 6-18 Q&P980 点焊接头的微观组织

（a）熔核宏观形貌；（b）硝酸酒精金相组织；（c）苦味酸金相组织

淬火区、细晶区和粗晶区三大区域，如图 6-19 所示。热输入在 A_{c_3} 温度以上很高的区域，晶粒发生奥氏体相变，且由于停留时间较长，晶粒长大明显，最后在冷却阶段形成了粗大的板条马氏体组织，其组织与熔核区马氏体组织类似，硬度值约为 520HV，即粗晶区。热输入峰值在 A_{c_3} 附近的区域，晶粒也发生奥氏体相变，但是停留时间短，晶粒没有足够的时间长大就快速冷却形成了细小的板条马氏体组织，其硬度值偏大，约（550±10）HV，即细晶区。热输入峰值温度在 $A_{c_1} \sim A_{c_3}$ 之间的区域，晶粒发生部分奥氏体化相变，在随后的快冷过程中，这部分奥氏体转变为马氏体组织，同时保留部分的铁素体。该区域内组织特性导致其硬度值分布范围较大，在 280 ~ 550HV 之间，这主要与马氏体相的体积分数有关，马氏体体积分数越小，该区域硬度值越低。

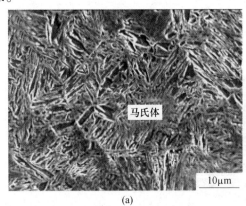

(a)

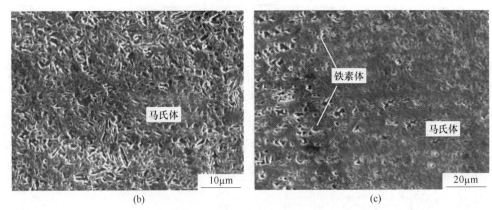

(b)   (c)

图 6-19　热影响区微观组织
（a）粗晶区；（b）细晶区；（c）部分淬火区

（4）母材区（BM）：该区域由于距离点焊接头位置较远，热输出对其基本没有影响，组织未发生相变而保留了基体原来的组织。基体材料常温下的微观组织包括铁素体、马氏体和残余奥氏体，其维氏硬度值为各相比例与硬度值乘积之和，为（285±10）HV，结合焊接接头硬度分布，BM 为硬度最小的区域，Q&P 钢中未发现软化区域。

正如图 6-20 所示，焊接接头的性能受熔核尺寸、微观组织与焊接缺陷等多方面的影响，其中，熔核尺寸是决定性因素。Q&P980 焊接试样的力学性能如图 6-21 所示。随着焊接电流的增大，熔核尺寸增大，焊件的拉剪和正拉性能也逐步提升，直至发生飞溅，熔核变小，性能下降。因此，在点焊中，熔核尺寸必须得到有效控制。然而焊接工艺如果选择不当就会导致熔核产生焊接飞溅、形成淬硬组织以及收缩裂纹等焊接缺陷恶化焊件的整体力学性能。尤其是对于合金元素含量较高，碳当量高的 Q&P 钢，在瞬时热输入高、冷却速度极快的电阻点焊过程中，焊接窗口窄，在承受载荷过程中容易以界面断裂模式失效，导致最终焊接接头质量难以满足工业应用标准[153~158]。Q&P980 电阻点焊的典型缺陷包括中心缩孔、界面断裂以及焊接飞溅，如图 6-22 所示。为了进一步扩大 Q&P 钢在汽车钢领域内的市场份额，解决其焊接问题是首要目标。

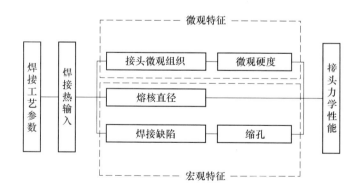

图 6-20　工艺参数与接头力学性能之间关系

通常一次完整的焊接过程在 0.1~0.2s 内就会结束。快速的焊接接头形成机

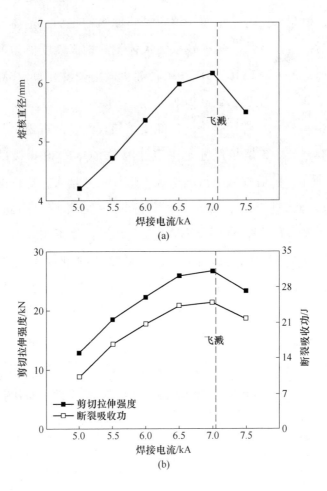

图 6-21　焊接电流对熔核直径和拉剪性能的影响

（a）电流-熔核直径；（b）电流-拉剪性能

制，造成了其冶金过程的不可控性。结合实际焊接工艺过程，目前已有几种提高焊件焊接质量的方法，如在传统的点焊工艺中，在焊接开始之前增加焊前预热，可以有效地改善部分材料的焊接性能，减少飞溅，提升焊接稳定性，拓宽焊接窗口。这主要是因为焊前预热过程的加入，两板温度升高，组织软化，改善了焊件的接触质量，减弱了两板间的应力集中，有助于提高焊接质量。

　　还有一种提升焊接质量的方法是对焊件采用多次循环焊接，如在传统焊接工艺中增加一次或两次焊后的"回火"脉冲，如图 6-23 所示。二次或多次

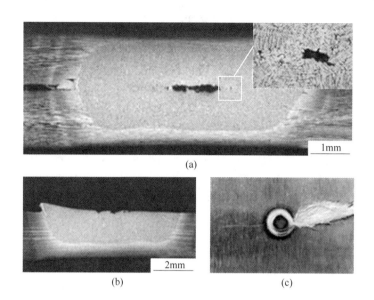

图 6-22　Q&P980 电阻点焊典型缺陷

（a）中心缩孔；（b）界面断裂；（c）焊接飞溅

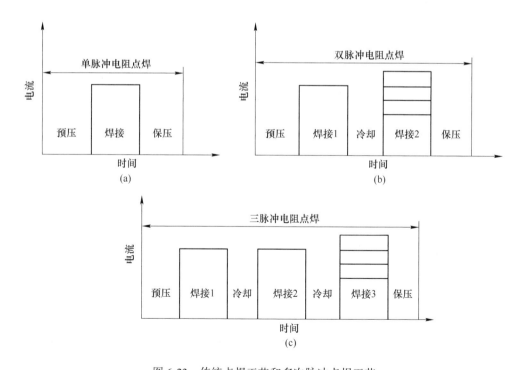

图 6-23　传统点焊工艺和多次脉冲点焊工艺

（a）单脉冲电阻点焊；（b）双脉冲电阻点焊；（c）三脉冲电阻点焊

脉冲焊接工艺能够在初次形成焊接熔核的基础上进行回火热处理，达到消除部分淬硬马氏体组织、细化晶粒、释放残余应力、减缓开裂或者改善裂纹扩展路径的目的，改善接头性能[159~162]。由于电阻点焊中，焊接电流作用时间很短，增加多次脉冲焊接电流不会对生产实际产生负担，对先进高强钢的高质量连接具有实际意义。

6.3.2 双脉冲焊接工艺研究

为了克服传统 Q&P 钢的焊接缺陷，本节以冷轧 Q&P980 为主要研究对象，通过双脉冲焊接工艺进行焊接组织调控，进一步优化焊接性能。双脉冲工艺如图 6-23（b）所示，对应的二次焊接电流根据研究目的进行调整，二次电流对熔核的影响如图 6-24 所示。较小电流的二次脉冲可以对初次熔核组织起到回火作用，较大电流的二次脉冲则可以作为一种提升初次熔核尺寸的途径。

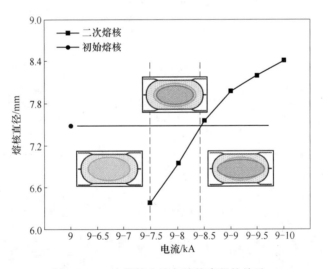

图 6-24　二次焊接电流与熔核直径的关系

采用 9kA 的单脉冲和 9-(6.5~10)kA 双脉冲实验的试样的熔核直径如图 6-25（a）所示。二次脉冲电流较小时（小于初次电流），熔核直径相比较于单脉冲时基本没有变化，说明二次热输入不足以扩大熔核直径，仅起到回火的作用；二次脉冲电流较大时（大于初次电流），熔核直径显著增大。

二次脉冲采用小电流可以对初次形成的熔核起到明显的回火作用，这是由于二次热输入较小和极快速冷却的共同作用，不足以造成太大的重熔区域，相当于一次热处理过程，可以对初次熔核边缘起到均匀元素分布、使部分组织发生再结晶释放内应力减缓硬度差值的作用，从而实现力学性能的优化。焊件接头的力学性能如图 6-25（b）~（d）所示，小电流二次脉冲显著提高了焊件的正拉性能和断裂吸收能；大电流二次脉冲增大了熔核直径，焊件的拉剪性能显著提升。

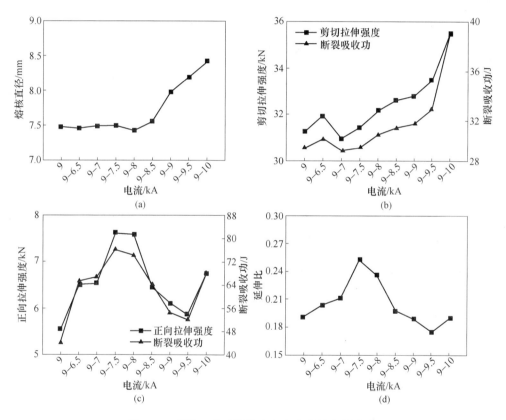

图 6-25　焊接工艺对熔核直径和力学性能的影响

（a）熔核直径关系；（b）拉剪性能关系；（c）正拉性能关系；（d）延伸比关系

图 6-26 为不同焊接工艺（单、双脉冲小电流）条件下熔核边界处的元素分布图。由图 6-26（a）、（c）、（e）可知，单脉冲焊接工艺下熔核边缘有明显元素偏析，此区域为 PMZ。该区域在加热阶段组分部分液化，C、Mn 元素由固相扩散到液相，随后的快速冷却导致元素未能扩散均匀而出现偏聚现象。此外在 FZ 内的枝晶边界处也存在着元素富集，这是由于凝固过程中枝晶间为

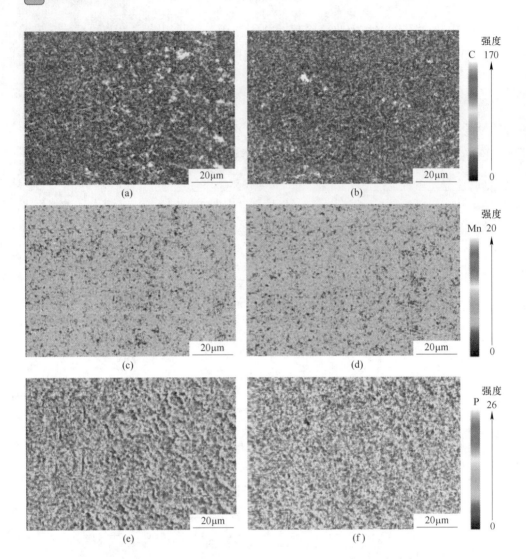

图 6-26 单、双脉冲小电流工艺部分熔化区的合金元素分布

（a）单脉冲元素 C；（b）双脉冲元素 C；（c）单脉冲元素 Mn；（d）双脉冲元素 Mn；

（e）单脉冲元素 P；（f）双脉冲元素 P

最后凝固区域，因此元素含量较高。合金元素尤其是 Mn、P 等元素在晶界处的偏聚会降低晶粒之间的金属键合强度，恶化晶粒之间的结合力。事实上，晶间合金元素的偏析为裂纹的扩展提供了通道，是载荷条件下材料的薄弱区域。

双脉冲小电流工艺条件下，从图 6-26 中可以明显看出，在二次电流的回火作用下，如图 6-26（b）、（f），熔核内 C、P 元素相较单脉冲分布更加均匀，这是由于熔核在小电流焊接脉冲提供的热输入作用下温度升高，晶界处偏聚的 C、P 元素发生扩散进入晶粒内部，而 Mn 元素则未发生明显的均匀化，这可能是由于 Mn 扩散系数较大，小电流带来的热输入不足以引发 Mn 元素发生扩散。P 元素的均匀化分布优化了晶粒间的金属键强度，提高了晶间抵抗脆性的能力，能够有效地阻碍裂纹的扩展，提升了试样的剪切和正拉性能，如图 6-25 所示。

图 6-27 为双脉冲大电流焊接工艺下部分熔化区元素分布情况。随着二次脉冲电流的增大，部分熔化区再次出现元素偏析。由图 6-24 可知，这是由于二次电流较大，热输出较高，形成的二次熔核冲破了初次熔核，对初次熔化区域基本无回火作用。因此，元素分布与单脉冲工艺类似，焊接接头的韧性差。

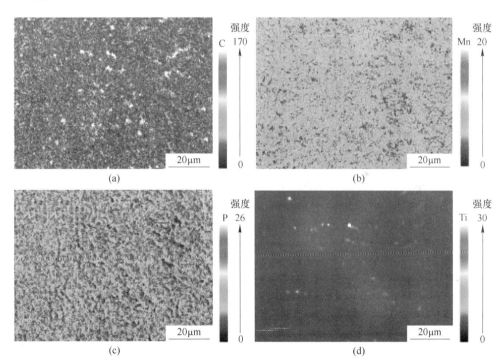

图 6-27　双脉冲大电流工艺部分熔化区的合金元素分布图

（a）元素 C 分布情况；（b）元素 Mn 分布情况；（c）元素 P 分布情况；（d）元素 Ti 分布情况

焊接接头的元素偏聚和熔核的尺寸差异会导致产生不同的断裂方式，电阻点焊接头的失效方式对力学性能有着非常重要的影响，焊接接头的断裂一般可以分为[163]界面断裂（Interfacial Failure，IF）、熔核拔出（Pull-out Failure，PF）、部分界面断裂（Partial Interfacial Failure，PIF）和部分厚度-熔核拔出（Partial Thickness-Partial Pullout Failure，PT-PP），如图6-28所示。界面断裂是一种非常不理想的断裂方式，其往往意味着强度很低，发生瞬时断裂，会显著恶化部件的性能。

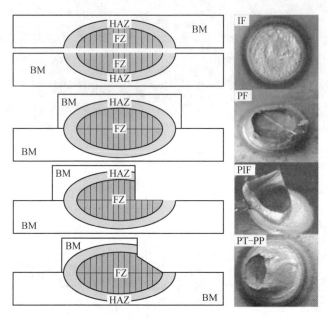

图 6-28　焊接接头失效方式[163]

熔核拔出是一种非常理想的失效方式，其断裂路径较复杂，有很高的断裂吸收能。而部分界面-熔核拔出失效方式是一种特殊的失效方式，其断裂位置与材料微观组织、元素分布有着很大的联系。双脉冲工艺下Q&P980点焊试样断裂形貌如图6-29所示，双脉冲工艺下焊件断裂已经基本不存在界面断裂，可以稳定出现熔核拔出或者部分界面-熔核拔出的断裂模式。

选取具有代表性的拉剪试样断口图详细分析双脉冲焊接工艺对接头断裂机制的影响。图6-30～图6-32分别为焊接压力为2.1kN时，焊接电流选用7kA、7-7kA、7-7.5kA的双脉冲焊接工艺试样的拉剪断口金相组织和SEM图。焊接工艺为7kA时，如图6-30（a）所示，试样断裂类型为IF，裂纹几乎沿

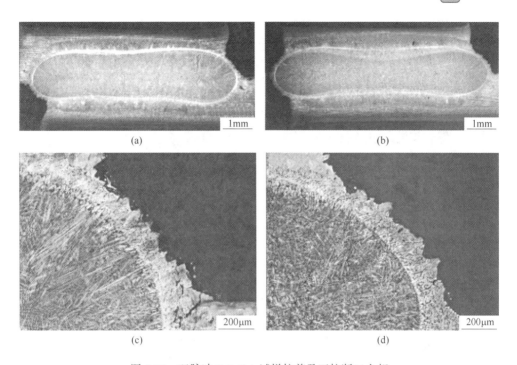

图 6-29 双脉冲 9-8.5kA 试样拉剪及正拉断口金相

（a）拉剪形貌；（b）正拉形貌；（c）拉剪断口 PMZ 金相；（d）正拉断口 PMZ 金相

着两板熔核中心扩展，最终贯穿全部熔核。图 6-30（b）中裂纹通过了熔核边缘的 PMZ，该区域由于最后凝固时存在严重的元素偏析，因此硬度降低，是一个明显的软化区域。观察断口组织形貌，可以发现断裂面存在大量韧窝且取向一致，这说明试样在拉剪过程中发生韧性断裂。IF 断裂模式断裂路径单一，其断裂过程可分为裂纹萌生和裂纹快速扩展两个阶段。

焊接工艺为 7-7kA 焊接试样的拉剪断裂为典型的 PIF 断裂模式。如图 6-31（a）、（d）所示，试样的断裂类型是一种特殊的界面断裂，与单脉冲试样断裂路径相比，其断裂路径不是简单地沿着界面扩展直至断裂，而是先沿着熔核边缘扩展一段距离后转入熔核内部沿着结合面扩展直至完全断裂（见图 6-31（b）~（d）。断裂路径的改变可以通过两方面来解释。一方面，熔核边缘的 PMZ 内存在范围较大的元素偏聚区域，是整体熔核的薄弱区，为裂纹通过提供了通道。另一方面，在拉剪过程中，剪切应力作用于熔核结合面上，焊接接头在剪切力和拉应力共同作用下发生扭转，受力位置发生变化，随着扭转程度的逐渐增加，剪切应力逐渐由结合面转移到部分熔化区。观察熔核

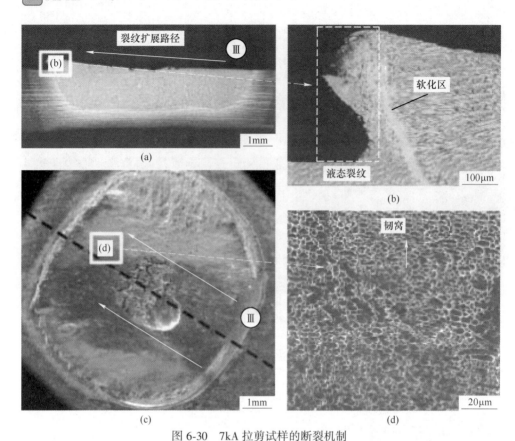

图 6-30　7kA 拉剪试样的断裂机制

(a), (b) 界面断裂金相组织; (c), (d) 试样断口扫描图

((b) 为 (a) 中的局部放大图; (d) 为 (c) 中的局部放大图;

三个阶段; Ⅰ 裂纹萌生; Ⅱ 部分熔化区的扩展; Ⅲ 熔核内部的快速扩展)

边缘断裂位置的形貌,可以发现断裂区域存在大量的撕裂棱,同时还有少量的尺寸较小的韧窝,如图 6-31 (e) 所示,此处的断裂机制可以判断为准解理断裂。图 6-31 (f) 所示为熔核内部断口形貌,与单脉冲相类似存在大量被拉长的韧窝,熔核内部断裂机制为瞬时断裂,且以韧性断裂为主。

图 6-32 所示为双脉冲 7-7.5kA 工艺下试样的断口组织。由图可知,试样发生 PT-PP 类型断裂,接头失效主要发生在熔核边缘 PMZ 和熔核内部。该工艺下试样断裂模式可分为三个阶段:裂纹萌生、部分熔化区的扩展和熔核内部的快速扩展。如图 6-32 (f) 所示,熔核内部断裂位置斜面上存在着大量的拉长形的韧窝,此处发生韧性断裂,根据韧窝拉伸的方向可知裂纹由接合面处斜向试样表面扩展。而在熔核边缘断裂位置,如图 6-32 (e) 所示,断裂处

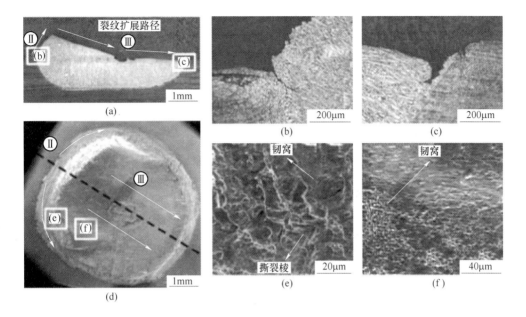

图 6-31　双脉冲 7-7kA 拉剪试样的断口组织

（a），（b），（c）7-7kA 试样断口金相组织；（d），（e），（f）7-7kA 断口扫描图

（（b）、（c）为（a）中的局部放大图；（e）、（f）为（d）中的局部放大图）

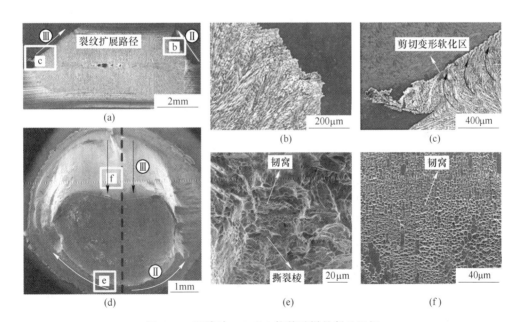

图 6-32　双脉冲 7-7.5kA 拉剪试样的断口组织

（a），（b），（c）7-7.5kA 试样断口金相组织；（d），（e），（f）7-7.5kA 断口扫描图

（（b）、（c）为（a）中的局部放大图；（e）、（f）为（d）中的局部放大图）

存在剪切带和韧窝，为准解理断裂。图 6-32（c）所示为裂纹由熔核边缘斜向扩展进入扩核内部，图中起始处可以观察到部分熔化区的组织形貌，裂纹在 PMZ 内扩展的后期，接头已经发生了非常严重的扭转，裂纹在剪切力的作用下做定向扩展发生严重的剪切变形，导致了斜向的瞬时断裂发生。

6.4　本章小结

本章主要对国际首次开发基于传统连续退火线的冷轧 Q&P980 钢工业产品的典型组织和力学性能进行了介绍，并对相应的成形性能及电阻点焊性能进行了详细评价和整体分析，所得到的结果如下：

（1）工业 Q&P980 退火板的抗拉强度集中在 1010~1070MPa，伸长率主要在 22%~27%。微观组织由铁素体、贝氏体、马氏体和残余奥氏体组成，平均晶粒大小均小于 5μm，对应的残余奥氏体含量为 12%~13%。

（2）工业 Q&P980 钢成形性能优异，杯突值为 9.34mm，180°折弯时最小相对弯曲半径为 1.5，90°折弯的回弹角为 14.7°，150°折弯的回弹角为 24.7°，扩孔率为 30%，拉深极限拉延比为 2.05，性能均达到或高于同级别双相钢水平。

（3）工业 Q&P980 钢具有优异的冲压性能，平面变形状态下的极限应变 FLD_0 可达 25%，明显高于 980MPa 级别 DP 钢，在拉压应力状态和平面应力状态下的成形极限也达到较高水平，可以满足复杂汽车零部件加工的要求。

（4）二次焊接脉冲可以有效提高焊接接头的力学性能。施加较小的二次脉冲电流有回火作用，促进轻量元素的均匀化，进而提升接头的正拉性能。施加较大的二次脉冲电流可以增加熔核尺寸，强化接头的拉剪性能。

（5）熔核尺寸较小时，拉剪失效模式为界面断裂，正拉失效模式为部分熔核拔出。熔核尺寸较大时，拉剪失效模式为部分界面-熔核拔出，正拉失效模式依然为部分熔核拔出。部分熔化区是焊接接头的裂纹敏感区，裂纹主要沿该区域扩展。拉剪实验中，接头的界面断裂可分为两个阶段：裂纹萌生和加速扩展。其中，加速扩展阶段的断裂机制为韧性断裂。接头的部分界面-熔核拔出过程可分为三个阶段：裂纹萌生、扩展和加速扩展。扩展过程的断裂机制为准解理断裂，加速扩展阶段的断裂模式为韧性断裂。

7 结 论

本研究报告针对 Q&P980 钢，围绕东北大学 RAL 在热/动力学模拟、连续冷却相变、高温变形行为、热轧-冷轧-退火一体化工艺、工业化生产及用户使用技术等方面所做工作进行了全面总结和阐述。所获得的主要成果和结论如下：

（1）对于成分确定的 Q&P 钢而言，可利用退火温度调控相比例，同时结合微合金碳化物析出及贝氏体相变实现对奥氏体稳定性与马氏体碳配分效果的控制，从而对最终力学性能产生重要影响。另外，利用最佳淬火温度计算模型确定残余奥氏体含量最大时对应的淬火温度，同时结合基本相变点及 CCT 曲线的测定，确定 Q&P 工艺的退火温度、淬火冷速、淬火温度等一系列工艺参数，为实际热处理工艺参数的设定提供依据。

（2）利用膨胀法测定实验钢基本相变温度与连续冷却转变曲线，确定实际淬火配分工艺的临界冷速与淬火温度范围。铁素体排碳造成的奥氏体不均匀性呈现内部贫碳外侧富碳特征，因此高淬火温度的一次马氏体优先在奥氏体内部生成，随着淬火温度的下降逐渐向外侧扩展。利用热力模拟实验机进行单道次和双道次压缩实验，以反映材料的高温变形及静态软化特征。高变形温度、低应变速率条件下动态再结晶更快。静态再结晶动力学随变形温度增加而增强，完全再结晶时间缩短。

（3）在 Q&P980 实验钢的热轧过程中，卷取温度、终轧温度均可对最终热轧组织与性能造成重要影响，并影响随后各相中的元素分布。随着卷取温度的提高，空冷铁素体和最终生成马氏体含量减少，中温区贝氏体含量增加，同时贝氏体对原奥氏体分割细化作用增强。随着终轧温度的降低，铁素体量减少，贝氏体量增加，但均不存在明显的带状组织。另外，利用热轧形变热处理工艺可促进动态再结晶，最终组织显著细化，元素分布较传统工艺更为均匀，有利于提高材料强度水平。

(4) 一步 Q&P 工艺中，退火温度较低时变形铁素体有助于屈服强度的升高，实验钢总体屈服强度在再结晶铁素体和变形铁素体等因素综合作用下随退火温度的增加呈现先降低后升高的趋势。抗拉强度随硬相马氏体的增加逐渐增大，伸长率受铁素体量及残余奥氏体量控制略有降低，总体强塑积表现为先增加后减小。随着配分时间的增加，在变形铁素体回复以及贝氏体相变的综合作用下，屈服强度先下降后上升，抗拉强度随着新鲜马氏体含量的减少呈现逐步下降的趋势，伸长率先略有下降后迅速升高。

(5) 两步 Q&P 工艺下，随着配分时间的延长，一次马氏体回火和贝氏体相变程度均增大，奥氏体中碳原子越来越多向晶界处奥氏体富集。与此同时，抗拉强度逐渐下降，伸长率增加到最大值后基本保持不变，屈服强度变化不大，强塑积变化趋势与伸长率变化趋势大体相同。随着淬火温度的增加，组织中回火马氏体的含量逐渐减少，M/A 含量逐渐增加且尺寸也逐渐变大。新鲜马氏体逐渐增加，其体积膨胀挤压周围的铁素体产生大量的自由位错，同时更多高硬度新鲜马氏体形成影响材料的变形协调和加工硬化行为，二者综合作用导致实验钢的屈服强度随淬火温度的提高先降低后升高，抗拉强度逐渐升高，伸长率均较高且变化不明显。

(6) 国际首次开发基于传统连续退火线的冷轧 Q&P980 钢工业产品，工业 Q&P980 退火板的抗拉强度为 $1010\sim1070MPa$，伸长率为 $22\%\sim27\%$。微观组织由铁素体、贝氏体、马氏体和残余奥氏体组成，平均晶粒大小在 $5\mu m$ 以下，对应的残余奥氏体含量为 $12\%\sim13\%$。杯突、扩孔、折弯、拉深及成形极限测定结果显示，该 Q&P980 产品成形性能与典型商业化产品基本持平，在部分性能方面有较大优势。此外，该产品在某车型保险杠及地板加强板的工业化冲压实验中表现良好，目前已实现批量化应用。

(7) 利用二次脉冲工艺显著改善了 Q&P 钢中心缩孔与易飞溅等焊接缺陷，同时有效提高了焊接接头的力学性能。熔核尺寸较小时，拉剪失效模式为界面断裂，正拉失效为部分熔核拔出。熔核尺寸较大时，拉剪失效模式为部分界面-熔核拔出，正拉失效模式依然为部分熔核拔出。拉剪实验中，接头的界面断裂可分为两个阶段：裂纹萌生和加速扩展，且加速扩展阶段的断裂机制为韧性断裂。接头的部分界面-熔核拔出过程可分为三个阶段：裂纹萌生、扩展和加速扩展。扩展过程的断裂机制为准解理断裂，加速扩展阶段的断裂模式为韧性断裂。

参 考 文 献

［1］ 杨光宇，曹昆. 全国私家车保有量首次突破 2 亿辆［N］. 人民日报，2020-01-8［4］.

［2］ 王悦. 中国燃料消耗量法规与新能源汽车积分的政策组合研究［D］. 北京：清华大学，2017.

［3］ 康永林. 汽车轻量化先进高强钢与节能减排［J］. 钢铁，2008，43（6）：1~7.

［4］ Fonstein. advanced high strength sheet steels［M］. Switzerland：Springer International Publishing，2015：7.

［5］ Matlock D，Speer J. "Design consideration for the next generation of advanced high strength sheet steels" presented at the 3rd international conference of advanced high strength sheet Steels［C］. Geongju，In Korea，2006.

［6］ Son Y I，Lee Y K，Park K T，et al. Ultrafine grained ferrite-martensite dual phase steels fabricated via equal channel angular pressing：microstructure and tensile properties［J］. Acta Materialia，2005，53（11）：3125~3134.

［7］ Engl B，Keßler L，Lenze F J，et al. Recent Experience with the application of TRIP and other advanced multiphase steels［C］//International Body Engineering Conference & Exposition. 1998.

［8］ Shimizu，Tetsuo，Funakawa，et al. High strength steel sheets for automobile suspension and chassis use high strength hot-rolled steel sheets：with excellent press formability and durability for critical safety parts［J］. Jfe Technical Report，2004，4：25~31.

［9］ Matsumoto Y，Takai K. Method of evaluating delayed fracture susceptibility of tempered martensitic steel showing quasi-cleavage fracture［J］. Metallurgical and Materials Transactions A，2017，48：666~677.

［10］ 景财年. 相变诱发塑性钢的组织性能［M］. 北京：冶金工业出版社，2012.

［11］ 李扬，刘汉武，杜云慧，等. 汽车用先进高强钢的应用现状和发展方向［J］. 材料导报，2011，25（13）：101~104.

［12］ Frommeyer G，Brux U，Neumann P. Supra-ductile and high-strength manganese-TRIP/TWIP steels for high energy absorption purposes［J］. ISIJ International，2003，43（3）：438~446.

［13］ Sun J，Yu H. Microstructure development and mechanical properties of quenching and partitioning（Q&P）steel and an incorporation of hot-dipping galvanization during Q&P process［J］. Materials Science and Engineering：A，2013，586：100~107.

［14］ Aydin H，Essadiqi E，Jung I，et al. Development of 3rd generation AHSS with medium Mn content alloying compositions [J]. Materials Science and Engineering: A, 2013, 564: 501~508.

[15] Zou D Q, Li S H, He J. Temperature and strain rate dependent deformation induced martensitic transformation and flow behavior of quenching and partitioning steels [J]. Materials Science and Engineering: A, 2017, 680: 54~63.

[16] Edmonds D V, Matlock D K, Speer J G. Developments in high strength steels with duplex microstructures of bainite or martensite with retained austenite: Progress with quenching and partitioning heat treatment [C] //Weng Y Q, Dong H, Gan Y. Advanced Steels. Berlin Heidelberg: Springer, 2011: 241~253.

[17] Speer J, Matlock D K, De Cooman B C, et al. Carbon partitioning into austenite after martensite transformation [J]. Acta Materialia, 2003, 51: 2611~2622.

[18] Miller R L. Ultrafine-grained microstructures and mechanical properties of alloy steels [J]. Metallurgical and Materials Transactions B, 1972, 3 (4): 905~912.

[19] Jean-Christophe H, Moukrane D, Sébastien A, et al. Microstructure-properties relationship in carbide-free bainitic steels [J]. ISIJ International, 2011, 51 (10): 1724~1732.

[20] Sharma S, Sangal S, Mondal K. Development of New High-Strength Carbide-Free Bainitic Steels [J]. Metallurgical & Materials Transactions A, 2011, 42 (13): 3921~3933.

[21] Matas S, Hehemann R F. Retained austenite and the tempering of martensite [J]. Nature, 1960, 187: 685~686.

[22] Sarikaya M, Thomas G, et al. Solute element partitioning and austenite stabilization in steels [C] //Aaronson H I, et al. Proceedings of the International Conference Solid-solid Phase Transformations. USA: TMS-AIME, 1982: 1421~1425.

[23] Rao B V N, Thomas G. Transmission electron microscopy characterization of dislocated "lath" martensite [C] //Owen. Proceedings of the International Conference on Martensitic Transformations ICOMAT-79. Massachusetts: MIT Press, 1979: 12~16.

[24] Xu Z Y, Li X M. Diffusion of carbon during the formation of low-carbon martensite [J]. Scripta Metallurgica, 1983, 17: 1285~1288.

[25] Speer J G, Edmonds D V, Rizzo F C, et al. Partitioning of carbon from supersaturated plates of ferrite, with application to steel processing and fundamentals of the bainite transformation [J]. Current Opinion in Solid State and Materials Science, 2004, 8 (3-4): 219~237.

[26] Speer J G, Rizzo F C, Matlock D K, et al. The "quenching and partitioning" process: Background and recent progress [J]. Materials Research, 2005, 8 (4): 417~423.

[27] Matlock D K, Speer J G, De Moor E, et al. Recent developments in advanced high strength

sheet steels for automotive applications: an overview [J]. Engineering Science & Technology An International Journal, 2012, 15 (1): 1~12.

[28] Clarke A J, Speer J G, Matlock D K, et al. Influence of carbon partitioning kinetics on final austenite fraction during quenching and partitioning [J]. Scripta Materialia, 2009, 61 (2): 149~152.

[29] Hillert M, Agren J. On the definitions of paraequilibrium and orthoequilibrium [J]. Scripta Materialia, 2004, 50 (5): 697~699.

[30] Speer J G, Matlock D K, Cooman B C D, et al. Comments on "On the definitions of paraequilibrium and orthoequilibrium" by M. Hillert and J. Ågren, scripta materialia, 50, 697-6999 (2004) [J]. Scripta Materialia, 2005 (1), 52: 83~85.

[31] Hillert M, Ågren J. Reply to comments on "On the definition of paraequilibrium and orthoequilibrium" [J]. Scripta Materialia, 2005, 52 (1): 87~88.

[32] Speer J G, Moor E D, Findley K O, et al. Analysis of microstructure evolution in quenching and partitioning automotive sheet steel [J]. Metallurgical and Materials Transactions A, 2011, 42: 3591~3601.

[33] Speer J G, Hackenberg R E, Decooman B C, et al. Influence of interface migration during annealing of martensite/austenite mixtures [J]. Philosophical Magazine Letters, 2007, 87 (6): 379~382.

[34] Zhong N, Wang X D, Rong Y H, et al. Interface Migration between martensite and austenite during quenching and partitioning (Q&P) process [J]. Journal of Materials Science and Technology, 2006, 22 (6): 751~754.

[35] De Knijf D, Santofimia M J, Shi H, et al. In situ austenite-martensite interface mobility study during annealing [J]. Acta Materialia, 2015, 90: 161~168.

[36] Santofimia M J, Zhao L, Sietsma J. Model for the interaction between interface migration and carbon diffusion during annealing of martensite-austenite microstructures in steels [J]. Scripta Materialia, 2008, 59 (2): 159~162.

[37] Santofimia M J, Speer J G, Clarke A J, et al. Influence of interface mobility on the evolution of austenite-martensite grain assemblies during annealing [J]. Acta Materialia, 2009, 57 (15): 4548~4557.

[38] Peng F, Xu Y B, Li J Y, et al. Interaction of martensite and bainite transformations and its dependence on quenching temperature in intercritical quenching and partitioning steels [J]. Materials & Design, 2019, 181: 107921.

[39] Jung M, Seok-Jae Lee, Young-Kook Lee. Microstructural and dilatational changes during tem-

pering and tempering kinetics in martensitic medium-carbon steel [J]. Metallurgical & Materials Transactions A, 2009, 40 (3): 551~559.

[40] Speich G R, Leslie W C. Tempering of steel [J]. Metallurgical Transactions, 1972, 3 (5): 1043~1054.

[41] Jang J H, Kim I G, Bhadeshia H K D H. ε-carbide in alloy steels: First-principles assessment [J]. Scripta Materialia, 2010, 63 (1): 121~123.

[42] Li H, Lu X, Li W, et al. Microstructure and mechanical properties of an ultrahigh-strength 40SiMnNiCr steel during the one-step quenching and partitioning process [J]. Metallurgical & Materials Transactions A, 2010, 41 (5): 1284~1300.

[43] Santofimia M J, Zhao L, Sietsma J. Microstructural evolution of a low-carbon steel during application of quenching and partitioning heat treatments after partial austenitization [J]. Metallurgical and Materials Transactions A, 2009, 40 (1): 46~57.

[44] Silva E P D, Xu W, Föjer C, et al. Phase transformations during the decomposition of austenite below M_s in a low-carbon steel [J]. Materials Characterization, 2014, 95: 85~93.

[45] Bohemen S M C V, Santofimia M J, Sietsma J. Experimental evidence for bainite formation below M_s in Fe-0.66C [J]. Scripta Materialia, 2008, 58 (6): 488~491.

[46] Samanta S, Biswas P, Giri S, et al. Formation of bainite below the M_s temperature: Kinetics and crystallography [J]. Acta Materialia, 2016, 105: 390~403.

[47] Zaefferer S, Ohlert J, Bleck W. A study of microstructure, transformation mechanisms and correlation between microstructure and mechanical properties of a low alloyed TRIP steel [J]. Acta Materialia, 2004, 52 (9): 2765~2778.

[48] Maheswari N, Chowdhury S G, Kumar K C H, et al. Influence of alloying elements on the microstructure evolution and mechanical properties in quenched and partitioned steels [J]. Materials Science and Engineering: A, 2014, 600: 12~20.

[49] Sun W W, Wu Y X, Yang S C, et al. Advanced high strength steel (AHSS) development through chemical patterning of austenite [J]. Scripta Materialia, 2018, 146: 60~63.

[50] 崔忠圻, 谭耀春. 金属学与热处理 [M]. 北京: 机械工业出版社, 2007.

[51] Kuziak R, Kawalla R, Waengler S. Advanced high strength steels for automotive industry [J]. Archives of Civil and Mechanical Engineering, 2008, 8 (2): 103~117.

[52] Zarei-Hanzaki A, Yue S. Ferrite formation characteristics in Si-Mn TRIP steels [J]. ISIJ international, 1997, 37 (6): 583~589.

[53] Tsukatani I, Hashimoto S, Inoue T. Effects of silicon and manganese addition on mechanical properties of high-strength hot-rolled sheet steel containing retained austenite [J]. ISIJ Interna-

tional, 1991, 31 (9): 992~1000.

[54] Hauserova D, Duchek M, Dlouhý J, et al. Properties of advanced experimental CMnSiMo steel achieved by QP process [J]. Procedia Engineering, 2011, 10: 2961~2966.

[55] Kim B, Sietsma J, Santofimia M J. The role of silicon in carbon partitioning processes in martensite/austenite microstructures [J]. Materials & Design, 2017, 127: 336~345.

[56] Mintz B, Tuling A, Delgado A. Influence of silicon, aluminium, phosphorus and boron on hot ductility of transformation induced plasticity assisted steels [J]. Materials Science and Technology, 2003, 19 (12): 1721~1726.

[57] Traint S, Pichler A, Hauzenberger K, et al. Influence of silicon, aluminium, phosphorus and copper on the phase transformations of low alloyed TRIP-steels [J]. Steel Research International, 2002, 73 (6-7): 259~266.

[58] Jimenez-Melero E, Van Dijk N H, Zhao L, et al. The effect of aluminium and phosphorus on the stability of individual austenite grains in TRIP steels [J]. Acta Materialia, 2009, 57 (2): 533~543.

[59] Hsu T Y, Xu Z Y. Design of structure, composition and heat treatment process for high strength steel [J]. Materials Science Forum, 2007, 561-565: 2283~2286.

[60] 徐祖耀. 钢热处理的新工艺 [J]. 热处理, 2007, 22 (1): 1~11.

[61] Zhong N, Wang X D, Wang L, et al. Enhancement of the mechanical properties of a Nb-microalloyed advanced high-strength steel treated by quenching-partitioning-tempering process [J]. Materials Science and Engineering: A, 2009, 506 (1-2): 111~116.

[62] 谭小东. 超高强度淬火分配钢的轧制及热处理工艺研究 [D]. 沈阳: 东北大学, 2012.

[63] Somani M C, Porter D A, Karjalainen L P, et al. Designing a novel DQ&P process through physical simulation studies [J]. Materials Science Forum, 2013, 762: 83~88.

[64] Somani M C, Karjalainen L P, Porter D A, et al. Evaluation of the behaviour and properties of a High-Si steel processed using direct quenching and partitioning [J]. Materials Science Forum, 2012, 706-709 (2): 2824~2829.

[65] Wang F Y, Zhu Y F, Zhou H H, et al. A novel microstructural design and heat treatment technique based on gradient control of carbon partitioning between austenite and martensite for high strength steels [J]. Science China Technological Sciences, 2013, 56 (8): 1847~1857.

[66] Zhu Y F, Wang F Y, Zhou H H, et al. Stepping-quenching-partitioning treatment of 20SiMn2-MoVA steel and effects of carbon and carbide forming elements [J]. Science China Technological Sciences, 2012, 55 (7): 1838~1843.

[67] Gui X, Gao G, Guo H, et al. Effect of bainitic transformation during BQ&P process on the me-

chanical properties in an ultrahigh strength Mn-Si-Cr-C steel [J]. Materials Science and Engineering: A, 2017, 684: 598~605.

[68] Wang K, Gu K, Miao J, et al. Toughening optimization on a low carbon steel by a novel quenching-partitioning-cryogenic-tempering treatment [J]. Materials Science and Engineering: A, 2019, 743: 259~264.

[69] Xiong X C, Chen B, Huang M X, et al. The effect of morphology on the stability of retained austenite in a quenched and partitioned steel [J]. Scripta Materialia, 2013, 68 (5): 321~324.

[70] Chen M M, Wu R M, Liu H P, et al. An ultrahigh strength steel produced through deformation induced ferrite transformation and Q&P process [J]. Science China Technological Sciences, 2012, 55 (7): 1827~1832.

[71] Huang F, Yang J L, Guo Z H, et al. Effect of partitioning treatment on the mechanical property of Fe-0.19C-1.47Mn-1.50Si steel with refined martensitic microstructure [J]. Metallurgical and Materials Transactions A, 2016, 47A: 1072~1082.

[72] Hong S C, Ahn J C, Nam S Y, et al. Mechanical properties of high-Si plate steel produced by the quenching and partitioning process [J]. Metals and Materials International, 2007, 13 (6): 439~445.

[73] De Cooman B C, Lee S J, Shin S, et al. Combined intercritical annealing and Q&P processing of medium Mn steel [J]. Metallurgical and Materials Transactions A, 2017, 48A: 39~45.

[74] Kim D H, Speer J G, Kim H S, et al. Observation of an isothermal transformation during quenching and partitioning processing [J]. Metallurgical and Materials Transactions A, 2009, 40A: 2048~2060.

[75] Seo E J, Cho L, De Cooman B C. Modified methodology for the quench temperature selection in quenching and partitioning (Q&P) processing of steels [J]. Metallurgical and Materials Transactions A, 2016, 47A: 3797~3802.

[76] Wang C Y, Zhang Y J, Cao W Q, et al. Austenite/martensite structure and corresponding ultrahigh strength and high ductility of steels processed by Q&P techniques [J]. Science China Technological Sciences, 2012, 55 (7): 1844~1851.

[77] De Diego-Calderón I, De Knijf D, Monclús M A, et al. Global and local deformation behavior and mechanical properties of individual phases in a quenched and partitioned steel [J]. Materials Science and Engineering: A, 2015, 630: 27~35.

[78] Speer J G, de Moor E, Clarke A J. Critical assessment: quenching and partitioning [J]. Materials Science and Technology, 2015, 31 (1): 3~9.

［79］ Zhou S, Zhang K, Wang Y, et al. High strength-elongation product of Nb-microalloyed low-carbon steel by a novel quenching-partitioning-tempering process ［J］. Materials Science and Engineering：A, 2011, 528（27）：8006~8012.

［80］ Li Y J, Li X L, Yuan G, et al. Microstructure and partitioning behavior characteristics in low carbon steels treated by hot-rolling direct quenching and dynamical partitioning processes ［J］. Materials Characterization, 2016, 121：157~165.

［81］ Jimenez-Melero E, van Dijk N H, Zhao L, et al. Characterization of individual retained austenite grains and their stability in low-alloyed TRIP steels ［J］. Acta Materialia, 2007, 55（20）：6713~6723.

［82］ Park H S, Han J C, Lim N S, et al. Nano-scale observation on the transformation behavior and mechanical stability of individual retained austenite in CMnSiAl TRIP steels ［J］. Materials Science and Engineering：A, 2015, 627：262~269.

［83］ McGrath M C, Van Aken D C, Medvedeva N I, et al. Work hardening behavior in steel with multiple TRIP mechanisms ［J］. Metallurgical and Materials Transactions A, 2013, 44（10）：4634~4643.

［84］ Zhu X, Li W, Zhao H S, et al. Unveiling the origin of work hardening behavior in an ultrafine-grained manganese transformation-induced plasticity steel by hydrogen investigation ［J］. Metallurgical and Materials Transactions A, 2016, 47（9）：4362~4367.

［85］ De Moor E, Lacroix S, Clarke A J, et al. Effect of retained austenite stabilized via quench and partitioning on the strain hardening of martensitic steels ［J］. Metallurgical and Materials Transactions A, 2008, 39（11）：2586~2595.

［86］ 彭飞. 临界区退火冷轧 Q&P980 钢的组织性能研 ［D］. 沈阳：东北大学, 2016.

［87］ Gu X L, Xu Y B, Peng F, et al. Role of martensite/austenite constituents in novel ultra-high strength TRIP-assisted steels subjected to non-isothermal annealing ［J］. Materials Science and Engineering：A, 2019, 754：318~329.

［88］ 任秀平. 高强及超高强汽车用钢的研发进展 ［N/OL］. 上海：世界金属导报, 2018 ［2019-02-13］. http://www. worldmetals. com. cn/viscms/yagangjishu4521/20151208/162755. html.

［89］ 水文. 宝钢股份高性能冷轧淬火延性钢 QP1500 全球首发 ［N/OL］. 上海：世界金属导报, 2019 ［2019-02-13］. http://www. worldmetals. com. cn/viscms/qiyedongtai0275/20190325/247343. html.

［90］ 叶舟. 国内首卷第三代超高强汽车用钢 QP1400 在鞍钢下线 ［N/OL］. 鞍山：鞍钢日报, 2017 ［2019-02-13］. http://www. angangintl. com/a_ xwzx/jtxw/20171219/695. html.

［91］ 任秀平. 高性能冷轧汽车用钢工艺与产品研发 ［N/OL］. 北京：世界金属导报, 2019

[2020-04-13]. http：//118. 144. 34. 66：10008/epaper/show. do? paper = sjjsdb&date = 20190611&pageid=9473.

[92] 徐文兵，常国水. 马钢成功开发980MPa级QP第三代汽车用钢 [EB/OL]. 北京：人民网，2018-07-18[2020-02-13]. http：//ah. people. com. cn/n2/2018/0718/c383775-31830400. html.

[93] 王利，陆匠心. 汽车轻量化及其材料的经济选用 [J]. 汽车工艺与材料，2013，1：1~6.

[94] 邹伟龙. 宝钢推出超轻型白车身样车 [N/OL]. 世界金属导报，2015 [2020-05-26]. http://118. 144. 34. 66：10008/epaper/show. do? paper=sjjsdb&date=20151117.

[95] 任秀平. 2015年世界钢铁工业十大技术要闻 [N/OL]. 世界金属导报，2016 [2020-05-26]. http：//118. 144. 34. 66：10008/epaper/show. do? paper = sjjsdb&date = 20160105&pageid = 590.

[96] 韩非. 宝钢BCB1.0plus白车身解决方案 [R]. 第四届宝钢汽车板EVI论坛，2018.

[97] Wang L, Speer J G. Quenching and partitioning steel heat treatment [J]. Metallography Microstructure and Analysis, 2013, 2 (4)：268~281.

[98] 刘贞伟，吴彦骏，莫云. QP980高强钢制造的汽车地板纵梁拉延件的回弹分析 [J]. 精密成形工程，2017，9 (6)：62~67.

[99] 陈新平，胡晓，宋晨，等. 超高强钢QP980液压成形B柱仿真及试验研究 [J]. 精密成形工程，2016，8 (5)：60~64.

[100] 周澍，钟勇，王利. 1.2GPa淬火-配分（Q&P）钢的成形特性研究及应用 [J]. 宝钢技术，2016 (6)：36~41.

[101] 郑生虎. 高强钢汽车结构件成形数值模拟及回弹分析 [D]. 长春：吉林大学，2013.

[102] Nikky P, Cliff B, Michael W, et al. Damage evolution in complex-phase and dual-phase steels during edge stretching [J]. Materials, 2017, 10 (4)：346.

[103] Lee J S, Lee D, Lee M, et al. Effect of interphase hardness and elastic modulus on fracture behavior during hole expansion testing of hot-rolled steels with low-temperature transformation microstructures [J]. Steel Research International, 2017, 87：1700016.

[104] 刁可山，蒋浩民，陈新平. 基于成形特性的宝钢QP980试验研究及典型应用 [J]. 锻压技术，2012 (6)：113~115.

[105] 张洋，李凤伟，王学双，等. 1180MPa级Q&P钢板应用技术研究 [J]. 汽车工艺与材料，2017 (7)：54~58.

[106] Williams N T, Parker J D. Review of resistance spot welding of steel sheets part 1 modelling and control of weld nugget formation [J]. International Materials Reviews, 2004, 49 (2)：45~75.

［107］ Guo W, Wan Z D, Peng P, et al. Microstructure and mechanical properties of fiber laser wel-ded QP980 steel ［J］. Journal of Materials Processing Technology, 2018, 256: 229~238.

［108］ Khodabakhshi F, Kazeminezhad M, Kokabi A H. On the failure behavior of highly cold worked low carbon steel resistance spot welds ［J］. Metallurgical and Materials Transactions A, 2014, 45 (3): 1376~1389.

［109］ Sindo K, 闫久春, 杨建国, 等. 焊接冶金学 ［M］. 高等教育出版社, 2012.

［110］ 中国机械工程学会焊接学会. 焊接手册 ［M］. 机械工业出版社, 2007.

［111］ Oikawa H, Murayama G, Sakiyama T, et al. Resistance spot weldability of high strength steel (HSS) sheets for automobiles ［J］. Nippon Steel Technical Report, 2007, 95: 39~45.

［112］ Lei M, Pan H. Comparative study of resistance spot welding performance between cold-rolled DP980 and Q&P980 steels ［J］. Baosteel Technical Research, 2012, 6 (1): 37.

［113］ 唐继宗, 邹丹青, 蒋浩民, 等. Q&P 钢电阻点焊工艺和搭接接头疲劳性能实验研究 ［J］. 热加工工艺, 2014, 43 (15): 39~42.

［114］ Wang B, Duan Q Q, Yao G, et al. Investigation on fatigue fracture behaviors of spot welded Q&P980 steel ［J］. International Journal of Fatigue, 2014, 66: 20~28.

［115］ Spena P R, Maddis M D, Lombardi F, et al. Dissimilar resistance spot welding of Q&P and TWIP steel sheets ［J］. Advanced Manufacturing Processes, 2016, 31 (3): 291~299.

［116］ Spena P R, Cortese L, De M M, et al. Effects of process parameters on spot welding of TRIP and quenching and partitioning steels ［J］. Steel Research International, 2016, 87 (12): 1592~1600.

［117］ Li W D, Ma L X, Peng P, et al. Microstructural evolution and deformation behavior of fiber laser welded QP980 steel joint ［J］. Materials Science and Engineering: A, 2018, 717: 124~133.

［118］ Jia Q, Guo W, Wan Z, et al. Microstructure and mechanical properties of laser welded dis-similar joints between QP and boron alloyed martensitic steels ［J］. Journal of Materials Pro-cessing Technology, 2018, 2018 (259): 58~67.

［119］ Takahama Y, Santofimia M J, Mecozzi M G, et al. Phase field simulation of the carbon redis-tribution during the quenching and partitioning process in a low-carbon steel ［J］. Acta Materi-alia, 2012, 60 (6-7): 2916~2926.

［120］ Seo E J, Cho L, Cooman B C D. Kinetics of the partitioning of carbon and substitutional allo-ying elements during quenching and partitioning (Q&P) processing of medium Mn steel ［J］. Acta Materialia, 2016, 107: 354~365.

［121］ 徐光. 金属材料 CCT 曲线测定及绘制 ［M］. 北京: 化学工业出版社, 2009.

［122］刘振宇，许云波，王国栋．热轧钢材组织-性能演变的模拟和预测［M］．沈阳：东北大学出版社，2004．

［123］吴迪，刘建勋，李壮，等．热轧 TRIP 钢组织性能的研究［J］．材料科学与工艺，2007（4）：460～464．

［124］Rao K P, Prasad Y K D V, Hawboly E B. Study of fractional softening in multi-stage hot deformation［J］. Journal of Materials Processing Technology, 1998, 77 (1-3)：166～174.

［125］江海涛，唐荻，刘强．TRIP 钢中残余奥氏体及其稳定性的研究［J］．上海金属，2007，29（5）：155～159．

［126］景才年，王作成，韩福涛．相变诱发塑性的影响因素研究进展［J］．金属热处理，2005，30（2）：26～31．

［127］梁志德，王福．现代物理测试技术［M］．北京：冶金工业出版社，2003．

［128］刘晓，康沫狂．马氏体点阵参数与含碳量的定量关系：新的 X 射线衍射实验研究［J］．金属热处理学报，2000，21（2）：68～77．

［129］邓黎辉，汪宏斌，李绍宏，等．高强韧冷作模具钢深冷处理性能及组织［J］．材料热处理学报，2011，32（4）：76～81．

［130］李光瀛，马鸣图，张宜生，等．新一代超高强度热成形钢的强塑化技术［C］．第十一届中国钢铁年会论文集．北京：冶金工业出版社，2017：1～9．

［131］中华人民共和国国家质量监督检验检疫总局，中国国家标准化管理委员会．金属材料薄板和薄带埃里克森杯突试验：GB/T 4156—2007［S］．北京：中国标准出版社，2007．

［132］杜雪林，曹阳根，陈远怀，等．不同冲压速率的 DP780 杯突试验［J］．塑性工程学报，2014，5：15～18．

［133］方刚，马鸣图，Dongun Kim，等．三种强度级别的双相钢成形性能研究［J］．中国工程科学，2014，16（1）：66～70．

［134］黄大鹏，唐荻，崔恒，等．新型低硅 TRIP590 及 TRIP780 钢的综合成形性能［J］．上海金属，2010，32（6）：47～51．

［135］中华人民共和国国家质量监督检验检疫总局，中国国家标准化管理委员会．金属薄板成形性能与试验方法　第 4 部分：扩孔试验：GB/T 15825.4—2008［S］．北京：中国标准出版社，2008．

［136］Takashima K, Hasegawa K, Toji Y, et al. Void generation in cold-rolled dual-phase steel sheet having excellent stretch flange formability［J］. ISIJ International, 2017, 57（7）：1289～1294..

［137］谷海容，赵征志，庞启航，等．780MPa 级热轧铁素体/贝氏体双相钢的组织与扩孔性能

[J]. 金属热处理, 2016, 41 (4): 7~10.

[138] 中华人民共和国国家质量监督检验检疫总局, 中国国家标准化管理委员会. 金属薄板成形性能与试验方法　第5部分: 弯曲试验: GB/T 15825.4—2008 [S]. 北京: 中国标准出版社, 2008.

[139] 中华人民共和国国家质量监督检验检疫总局, 中国国家标准化管理委员会. 金属材料弯曲试验方法: GB/T 232—2010 [S]. 北京: 中国标准出版社, 2010.

[140] 刁可山, 蒋浩民, 陈新平, 等. 1000MPa级双相钢弯曲性能试验 [J]. 塑性工程学报, 2012, 19 (6): 79~83.

[141] 伍玉琴. 超高强度钢板Docol 1200M温弯曲成形极限及回弹研究 [D]. 重庆: 重庆理工大学, 2012.

[142] 葛德龙. 超高强度钢冷弯特性和回弹的实验研究与数值仿真 [D]. 上海: 交通大学, 2014.

[143] 中华人民共和国国家质量监督检验检疫总局, 中国国家标准化管理委员会. 金属薄板成形性能与试验方法　第3部分: 拉深与拉深载荷试验: GB/T 15825.3—2008 [S]. 北京: 中国标准出版社, 2008.

[144] 何昌炜, 郭必檬, 王武荣, 等. 1200MPa级超高强度钢板冲压成形性能及其断裂机理的实验研究 [J]. 上海交通大学学报, 2012, 46 (9): 1466~1470.

[145] 史刚, 王武荣, 羊军, 等. 1000MPa级双相钢薄板极限成形性能 [J]. 上海交通大学学报, 2011, 45 (11): 1653~1656.

[146] Wang W R, He C W, Zhao Z H, et al. The limit drawing ratio and formability prediction of advanced high strength dual-phase steels [J]. Materials & Design, 2011, 32 (6): 3320~3327.

[147] 中华人民共和国国家质量监督检验检疫总局, 中国国家标准化管理委员会. 金属薄板成形性能与试验方法　第8部分: 成形极限图 (FLD) 测定指南: GB/T 15825.8—2008 [S]. 北京: 中国标准出版社, 2008.

[148] 余海燕, 陈关龙, 林忠钦, 等. TRIP高强度钢板组织与成形性能的实验研究 [J]. 塑性工程学报, 2005, 12 (1): 10~14.

[149] 王亚东, 刘红祎, 王亚芬. 汽车用先进高强钢成形性能研究 [J]. 汽车工业研究, 2016 (9): 25~28.

[150] 王源. 980MPa级淬火配分钢点焊工艺与成形性能研究 [D]. 沈阳: 东北大学, 2017.

[151] 刘训达. Q&P980钢电阻点焊工艺及力学性能研究 [D]. 沈阳: 东北大学, 2018.

[152] Liu X D, Xu Y B, Misra R D K, et al. Mechanical properties in double pulse resistance spot welding of Q&P980 steel [J]. Journal of Materials Processing Technology, 2019, 263:

186~197.

[153] 张健，严思杰．汽车用 DP590 双相高强钢板电阻点焊性能研究 [J]．热加工工艺，2017（5）：231~233.

[154] 张家菊，张玉萍．汽车车身电阻点焊焊点强度影响因素的分析 [J]．焊接技术，1995（5）：8~11.

[155] 孙浩然，苗铁岭．汽车用传统高强钢和先进高强钢 [J]．金属世界，2010（6）：24~27.

[156] Ma C, Chen D L, Bhole S D, et al. Microstructure and fracture characteristics of spot-welded DP600 steel [J]. Materials Science and Engineering：A, 2008, 485（1）：334~346.

[157] Pouranvari M, Marashi S P H. Key factors influencing mechanical performance of dual phase steel resistance spot welds [J]. Science & Technology of Welding & Joining, 2015, 15（2）：149~155.

[158] Shirmohammadi D, Movahedi M, Pouranvari M. Resistance spot welding of martensitic stainless steel：Effect of initial base metal microstructure on weld microstructure and mechanical performance [J]. Materials Science and Engineering：A, 2017, 703：156~161.

[159] Furusako S, Murayama G, Oikawa H, et al. Current problems and the answer techniques in welding technique of auto bodies-first part [J]. Nippon Steel Technical Report, 2013, 103：69~75.

[160] Sawanishi C, Ogura T, Taniguchi K, et al. Mechanical properties and microstructures of resistance spot welded DP980 steel joints using pulsed current pattern [J]. Science & Technology of Welding & Joining, 2014, 19（1）：52~59.

[161] Hernandez V H B, Okita Y, Zhou Y. Second pulse current in resistance spot welded TRIP steel-effects on the microstructure and mechanical behavior [J]. Welding Research, 2012, 91：278~285.

[162] Eftekharimilani P, Aa E M V D, Hermans M J M, et al. Microstructural characterisation of double pulse resistance spot welded advanced high strength steel [J]. Science & Technology of Welding & Joining, 2017, 7（6）：1~10.

[163] Pouranvari M, Marashi S P H. Critical review of automotive steels spot welding：Process, structure and properties [J]. Science & Technology of Welding & Joining, 2013, 18（5）：361~403.